机械工业出版社高职高专
土建类"十二五"规划教材

房 屋 建 筑 构 造

主　　编　杨国富
副主编　王文旗
参　　编　（以姓氏笔画为序）
　　　　　王　蓓　吉龙华　吕　岩　苏小梅
　　　　　张卫东　张敏学　陈　红　李少红

机 械 工 业 出 版 社

本书以社会对高职高专新型建设人才培养的需要，结合建筑工程实际，依据住房和城乡建设部颁布的新标准、新规范编写，阐述民用建筑的基本构造原理和构造方法，文字简练、图示直观、内容翔实，着重于基本知识的传授和基本技能的培养。

本书内容包括：房屋构造概述，地基、基础与地下室，房屋墙体概述，墙体的构造，楼层与地面，楼梯、电梯和自动扶梯，屋顶，新概念建筑。通过本书学习，使读者能较全面地掌握房屋构造基本理论、组成原理和构造方法；依据建筑功能、材料和施工技术条件选择合理的构造方案；通过书内大量的各种实际工程图的阅读，培养熟练的读图能力，提高实际工作能力。

本书可作为高职高专建筑工程技术、建筑设计、建筑装饰等相关专业的教材和参考书，也可作为本专业学生和工程技术人员的参考书。

图书在版编目（CIP）数据

房屋建筑构造/杨国富主编. —北京：机械工业出版社，2014.2
机械工业出版社高职高专土建类"十二五"规划教材
ISBN 978-7-111-45308-6

Ⅰ.①房…　Ⅱ.①杨…　Ⅲ.①建筑构造—高等职业教育—教材
Ⅳ.①TU22

中国版本图书馆 CIP 数据核字（2013）第 315563 号

机械工业出版社（北京市百万庄大街 22 号　邮政编码 100037）
策划编辑：张荣荣　责任编辑：张荣荣
版式设计：霍永明　责任校对：刘志文
封面设计：张　静　责任印制：张　楠
涿州市京南印刷厂印刷
2014年 3 月第 1 版第 1 次印刷
184mm×260mm·10 印张·245千字
标准书号：ISBN 978-7-111-45308-6
定价：29.80元

前　言

因为现代社会科学技术的高速发展，建筑业涌现出大量的新建筑、新技术、新材料、新工艺；也因为 21 世纪教育科学事业的高速发展，人材培养模式的进步，教学观念的更新，迫切需要教学工作三大支柱（教师、教材、教学方法）之一的教材跟上时代发展的步伐，本书是为满足这一需要而编写的。

本教材具有以下特点：

1. 实用性特点

本书编著的基本原则是实用性。即力求教材内容符合建筑设计、现场施工实际，使学生能够学以致用。

2. 前瞻性特点

在满足学生基础知识培养需要的基础上，努力增加有关新建筑、新技术、新材料、新工艺方面的知识，扩大学生的知识面，以满足建筑科学高速发展的需要。

3. 图示性特点

为了有效帮助学生理解建筑结构构造，本教材努力多用图示方法，以弥补文字阐述的不足。

4. 实践性特点

为了培养学生实际动手能力，本教材在附录中增加了施工图设计的内容，在教师指导下由学生自己动手完成一定量的房屋构造设计。

本教材可作为高职高专院校建筑工程技术专业和建筑工程管理专业学生教学用书，也可作为上述专业各种培训、自学、考证教学参考用书。

因编者的水平有限，书中难免存在不足之处，恳请广大读者、特别恳请广大专业老师提出批评、指正意见。

编　者

目　　录

第一章 绪 论

第一节 建筑的基本要素

建筑是建筑物和构筑物的总称。建筑物主要是指供人们进行生产、生活及其他活动的场所，如住宅、办公楼、学校、影剧院、展览馆、工厂等。构筑物均是人们不能直接在其中进行生产、生活的空间，如堤坝、水塔、蓄水池、烟囱等。

我国的建筑方针是"适用、安全、经济、美观"，构成建筑的基本要素是建筑功能、建筑技术和建筑形象。

一、建筑功能

建筑功能就是人们建造房屋的目的，是生产、生活对建筑物的使用要求。随着社会的进步，人们生活水平不断提高，科学技术的发展，建筑的功能也在不断地发展变化。从单层平房到多层、高层、超高层楼房；从土坯毛草房到砖石木结构、钢筋混凝土结构、钢结构；从简单建筑到多功能建筑，到智能建筑、绿色建筑……。

二、建筑技术

建筑技术是人们建造房屋的手段，包括材料、结构、设备、施工等内容。随着科学技术的发展，人们建造房屋的手段也在飞速发展。从泥瓦匠到现代钢筋混凝土工艺、到高超的钢结构的焊接工艺、到未来的充气建筑……。

三、建筑形象

建筑以其不同空间组合、建筑体形、立面形式、细部处理、色彩的应用等，构成一定的建筑形象，从而表现出建筑的不同性质、风彩、特色等，给人们以巨大的感染力，给人们以精神上的享受、启迪。澳大利亚悉尼歌剧院独特、新颖、豪放的建筑形象，无时不在鼓舞人们乐观、向上，催人奋进。

建筑功能、建筑技术、建筑形象三个要素中，建筑功能处于主导地位；建筑技术是实现建筑目的必要手段；建筑形象则是前两者的外在表现，常常具有主观性。优秀的建筑作品应是三者的辨证统一。

第二节 建筑的分类

一、按使用功能分类

（1）民用建筑：包括住宅、公寓、宿舍等居住建筑和办公楼、体育馆、商场、医院等公共建筑。

（2）工业建筑：包括主要生产厂房、动力输送建筑、仓库等生产和生产辅助用房。

（3）农业建筑：包括种植、养殖、储存等用房，以及现代工厂化生产用房、畜舍、温室、种子库房等农业用房。

二、按主要承重结构材料分类

（1）砖混结构建筑：以砖、石、木、混凝土等材料为主要承重结构的建筑。如砖石墙、砖柱、木屋架、钢筋混凝土楼板等建筑。砖混结构是我国六层以下房屋应用最早、时间最长、最广泛的建筑形式。

（2）钢筋混凝土结构建筑：主要承重结构为钢筋混凝土材料建造的房屋。钢筋混凝土结构房屋的施工，可以是预制构件组装的，也可以是整体现浇的，但由于抗震设防要求，现在已很少使用装配或预制构件建筑了。

（3）钢结构建筑：房屋的主要承重结构为钢材制作的，如钢柱、钢屋架等。钢结构材料的特点是重量轻（与混凝土相比）、柔性好，更适合高层、超高层等抗震设防要求高的建筑。

三、按房屋层数分类

（1）低层建筑：一般指 1~3 层的建筑。

（2）多层建筑：一般指 4~6 层的建筑。

（3）中高层建筑：一般指 7~9 层的建筑。

（4）高层建筑：一般指 10 层以上的建筑。

（5）超高层建筑：建筑高度超过 100m 时，不论住宅或公共建筑均为超高层建筑。

第三节　建筑物的分级

建筑物的等级，可以按主体结构的耐久年限划分，还可以按耐火等级划分。

一、按建筑物主体结构的耐久年限划分

（1）一级建筑：耐久年限为 100 年以上，适用于重要建筑和高层建筑。

（2）二级建筑：耐久年限为 50~100 年，适用于一般性建筑。

（3）三级建筑：耐久年限为 25~50 年，适用于次要建筑。

（4）四级建筑：耐久年限为 15 年以下，适用于临时性建筑。

二、按建筑物的耐火等级划分

建筑物的耐火等级是按建筑构件的燃烧性能和耐火极限确定的。按现行的《建筑设计防火规范》（GB 50016—2006）共分四级。见表1-1。

表 1-1　建筑构件的燃烧性能和耐火极限　　　　　　　（单位：h）

构件名称		耐火等级			
		一级	二级	三级	四级
墙	防火墙	不燃烧体 3.00	不燃烧体 3.00	不燃烧体 3.00	不燃烧体 3.00
	承重墙	不燃烧体 3.00	不燃烧体 2.50	不燃烧体 2.00	难燃烧体 0.50
	非承重外墙	不燃烧体 0.75	不燃烧体 0.50	难燃烧体 0.50	难燃烧体 0.25
	楼梯间的墙 电梯井的墙 住宅单元之间的墙 住宅分户墙	不燃烧体 2.00	不燃烧体 2.00	不燃烧体 1.50	难燃烧体 0.50
	疏散走道两侧的隔墙	不燃烧体 1.00	不燃烧体 1.00	不燃烧体 0.50	难燃烧体 0.25
	房间隔墙	不燃烧体 0.75	不燃烧体 0.50	难燃烧体 0.50	难燃烧体 0.25
柱		不燃烧体 3.00	不燃烧体 2.50	不燃烧体 2.00	难燃烧体 0.50
梁		不燃烧体 2.00	不燃烧体 1.50	不燃烧体 1.00	难燃烧体 0.50

（1）燃烧性能：按构件的燃烧性能，建筑构件可分为燃烧体、非燃烧体、难燃烧体。

1）燃烧体。用可燃烧材料制成的构件，如木材。

2）非燃烧体。用不可燃材料制成的构件，如金属材料、无机矿物材料。

3）难燃烧体。用难燃烧材料或用燃烧材料外加非燃烧材料保护层的构件。如沥青混凝土、经防火处理的木材（古建筑中的木柱、梁等）、用有机件填充的水泥混凝土。

（2）耐火极限：对建筑构件按"时间 – 温度"标准曲线进行耐火试验，以受到火的作用时起，到失去支承能力或完整性被破坏或失去隔火作用时为止的这段时间。用小时表示。

第四节　建筑模数制

为了使建筑构（配）件、组合件和多种建筑制品实现工业化大规模生产，使不同形式、不同材料和不同构造方法的建筑构（配）件和组合件有较大的通用性、互换性，以提高施工质量和效率，加快建设速度，降低工程造价，建筑物及其多部尺寸必须统一协调，许多先进国家都制订了建筑模数制标准。我国制订了《建筑模数协调统一标准》（GBJ 2—1986）。

一、建筑模数

建筑模数是权威选定的标准尺寸单位，作为建筑制品、建筑构（配）件及有关建筑设备等尺寸相互间协调的基础。

（一）基本模数

《建筑模数协调统一标准》（GBJ 2—1986）规定了基本模数的数值为 100mm，其符号为

M，即 1M = 100mm。整个建筑物和建筑物某一部分、建筑组合体的模数化尺寸，应是基本模数的倍数。如建筑物各轴线间的尺寸、建筑层高等，均应是 100mm 的倍数。

（二）导出模数

为了使大尺寸、小尺寸选用的方便和标准化，《建筑模数协调统一标准》（GBJ 2—1986）还规定了扩大模数和分模数。

（1）扩大模数：扩大模数是基本模数的整倍数，有 3M、6M、12M、15M、30M、60M 等 6 个，其相应的尺寸为 300mm、600mm、1200mm、1500mm、3000mm、6000mm。如建筑物轴线间距等大尺寸，均为基本模数的整倍数。

（2）分模数：分模数是基本模数的分倍数，有 1/10M、1/5M、1/2M 三个，其相应的尺寸 10mm、20mm、50mm。如建筑物的各种缝隙、构造节点、构（配）件截面等尺寸。

（3）模数数列：国家标准列出了以基本模数、导出模数为基础扩展成的一系列尺寸，供建筑设计选用，见表 1-2。

表 1-2 模数系列 （单位：mm）

基本模数	扩 大 模 数						分 模 数		
1M	3M	6M	12M	15M	30M	60M	1M/10	1M/5	1M/2
100	300	600	1200	1500	3000	6000	10	20	50
100	300						10		
200	600	600					20	20	
300	900						30		
400	1200	1200	1200				40	40	
500	1500			1500			50		50
600	1800	1800					60	60	
700	2100						70		
800	2400	2400	2400				80	80	
900	2700						90		
1000	3000	3000		3000	3000		100	100	100
1100	3300						110		
1200	3600	3600	3600				120	120	
1300	3900						130		
1400	4200	4200					140	140	
1500	4500			4599			150		150
1600	4800	4800	4800				160	160	
1700	5100						170		
1800	5400	5400					180	180	
1900	5700						190		
2000	6000	6000	6000	6000	6000	6000	200	200	200
2100	6300						220		
2200	6600	6600					240		
2300	6900								250
2400	7200	7200	7200				260		
2500	7500			6599			280		
2600		7800					300		300
2700			8400				320		
2800		9000		9000	9000		340		
2900		9600	9600				360		350
3000			10500				380		400
3100			10800				400		450

（续）

基本模数	扩大模数						分模数
3200			12000	12000	12000	1200	500
3300					15000		550
3400					18000	18000	600
3500					21000		550
3600					24000	24000	600
					27000		650
					30000	30000	700
					33000		750
					36000	36000	800
							850
							900
							950
							1000

模数系列的幅度和适用范围分别为：

1）水平基本模数为 1M，1M 系列按 100mm 晋级，其幅度为 1M～20M，主要用于门窗洞口和构（配）件断面尺寸。

2）竖向基本模数为 1M，主要用于建筑物的层高、门窗洞口、构（配）件等。

3）水平扩大模数主要用于建筑物的开间或柱距、进深或跨度、构（配）件尺寸和门窗洞口尺寸。

4）竖向扩大模数主要用于建筑物的高度、层高、门窗洞口尺寸。

5）分模数系列主要用于缝隙、构造节点、构（配）件断面尺寸。

二、三种尺寸

建筑构（配）件的制作，建筑物的建造，不可避免的存在误差，这种误差使实际的工程建设产生三种尺寸，即标志尺寸、构造尺寸、实际尺寸。

（1）标志尺寸：用于建筑跨度、柱距、层高等建筑物轴线间距离以及建筑制品、构（配）件、有关设备界限之间的尺寸，应符合模数列的规定。标志尺寸不考虑构件接缝的宽窄及安装过程产生的误差，它是选择建筑、结构方案的依据。

（2）构造尺寸：是详细的生产、施工尺寸。是设计构件或施工样图的尺寸，要考虑构件之间连接缝隙的尺寸，即构造尺寸加上或减去缝隙尺寸等于标志尺寸。

（3）实际尺寸：是产品生产、施工后的实际尺寸。实际尺寸与标志尺寸之差，称为生产、施工误差。误差的大小，反映了生产、施工精确的程度，是评定产品质量的重要内容，必须在规定的允许范围内。

几种尺寸间的关系如图 1-1 所示。

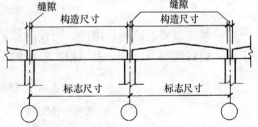

图 1-1　几种尺寸间的关系

三、定位轴线

（一）定位轴线的概念

为了确定建筑物结构或构件的位置及其标志尺寸而设置的线称为定位轴线。设于平面中的定位线称为平面定位线；设于竖向的定位线称为竖向定位线。定位轴线之间的开间、进深、跨度、柱距等尺寸，均应符合模数数列的规定。

《房屋建筑制图统一标准》（GB/T 50001—2010）规定了定位轴线的确定方法。

设置定位轴线可以统一与简化结构或构件等的尺寸和节点构造，减少规格类型，提高互换性和通用性，以满足建筑标准化、工业化的要求。

（二）定位轴线的分类

依定位轴线的方向、位置不同，可分为横向定位轴线和纵向定位轴线。通常把垂直于房屋长度方向的定位轴线称为横向定位轴线，把平行于房屋长度方向的定位轴线称为纵向定位轴线。

（三）定位轴线的编号

横向定位轴线用阿拉伯数字从左到右按 1、2……顺序编写；纵向定位轴线用大写拉丁字母从下至上按 A、B……顺序编写，但编号不使用 I、O、Z 三个字母，以免与阿拉伯数字 1、0、2 相混淆。如图 1-2 所示。

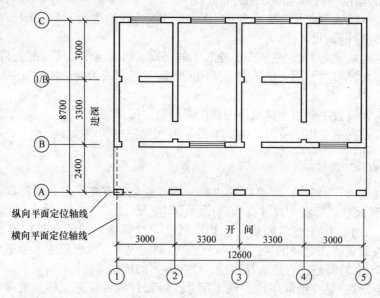

图 1-2 定位轴线编号方法

对一些非重要的结构、构件，可设附加轴线并编号，其编号可采用分数形式表示。分母表示前一轴线的编号，分子表示附加轴线的编号，用阿拉伯数字编写，如图 1-3 所示。

图 1-3 附加定位轴线的编号

四、砌体尺寸与模数尺寸的协调方法

我国砌体建筑历史悠久，其尺寸是逐步形成的，特别是砖砌体尺寸更是历史远久，这种历史形成的尺寸与模数制间是有矛盾的，施工中必须协调解决，解决的方法一般是通过调整砖缝宽度使砌体尺寸适应模数制要求。如竖向砖缝宽度一般为 10mm，但规范规定的缝宽范围为 8~12mm 这就为调整创造了条件。

第五节　建筑构造组成

房屋按结构类型分类，有砖混结构、框架结构、剪力墙结构等。结构类型不同，其构造组成也不同，而一般情况下构成房屋的主要构（配）件有：基础、外墙、柱、梁、过梁、圈梁、构造柱、楼板、屋顶、楼梯、地面、门窗、阳台、雨篷、女儿墙、勒脚、明沟、散水等，如图 1-4 所示。

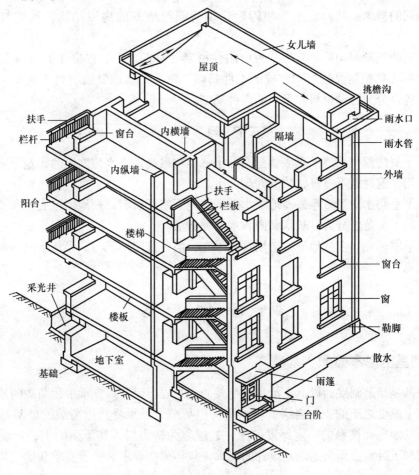

图 1-4　砖混结构建筑构造组成

第二章　地基、基础与地下室

本章内容简介：

第一节　地　基

一、地基的基本概念：支承房屋荷载的地基分两层，即持力层和下卧层。

二、地基的分类：地基分为不需任何加工的天然地基和经加工处理的人工地基。

三、对地基的要求：对地基的力学性能要求包括强度、刚度和稳定三个方面。

第二节　基　础

一、基础的概念：基础是承受和传递建筑荷载给地基的房屋结构，基础与地基密不可分。

二、基础的类型与构造：基础分为由刚性材料（如砖、石、混凝土）建成的刚性基础和由柔性材料（如钢筋混凝土）建成的柔性基础。两大类基础又因材料不同和上部结构要求不同，又各自分为各种材料和形式的多种基础。

第三节　地　下　室

一、地下室防潮：当地下室底板标高处于常年和最高地下水位之上时，地下室不会受地下水压力作用，这时地下室只做防潮处理即可。

二、地下室防水：当常年最高地下水位高于地下室底板时，则地下室底板和墙板应采取防水措施。地下室防水分为外防水和内防水两种做法。

三、地下室采光：多数地下室选用灯光采光；但对首层地下室和半地下室，可选用采光井利用自然光。

第一节　地　基

一、地基的基本概念

房屋地基是指基础底面以下支承房屋荷载的土、岩层而言。支承房屋荷载的地基只占一定厚度，这个厚度之下的土、岩层就不承受房屋荷载了。承受房屋荷载的地基厚度又分两层，直接与基础底面接触的一定厚度的土、岩层称为持力层，其下面的土、岩层称为下卧层。持力层和下卧层必须满足地基设计的要求，包括强度要求、变形要求和稳定要求，如图2-1所示。

二、地基的分类

地基分为天然地基和人工地基两大类。天然地基是指本身具有足够承载力，不需任何加工便能直接承受基础荷载的天然土、岩层。如岩石层、碎石层、砂土和干硬粘土层等。人工地基是指本身承载力不足，或房屋荷载较大，天然土、岩层不能满足承载要求，需经人工加固后才能作为房屋地基的土、岩层。从建筑经济角度看，选用天然地基可以降低建筑造价。

不论哪种地基，其主体构成都是大自然的产物，地基不是房屋自身的组成部分，但二者关系密不可分。

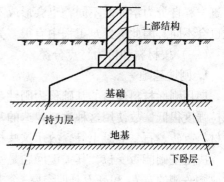

图 2-1　地基与基础的构成

三、对地基的要求

房屋建筑的安全，离不开地基的安全保障。因此地基首先必须满足三项力学性能要求，即强度、刚度和稳定性。

（一）强度要求

对地基的强度要求是指作为地基的土、岩层必须具有支承房屋全部荷载的能力，因此在寻找、确定地基土、岩层时，要选择坚实有力的地层。地基的强度要求可以用基础底面积的大小来调整，使基础底面积中单位面积传下的荷载小于地基承载力，保证房屋的强度安全。

（二）刚度要求

对地基的刚度要求是指地基承载后，不能产生过大的变形，特别是不能产生过大的不均匀变形，以防建筑物因不均匀沉降而破裂。不均匀变形主要是因为地基土质和土层厚度不均匀造成的。

（三）稳定性要求

对地基的稳定性要求是指地基土、岩层承载后不能产生滑动，使建筑物倾覆（如山区坡地的滑坡灾害）。

第二节　基　　础

一、基础的概念

基础是指房屋或地下室以下承受并传递房屋全部荷载给地基的房屋结构。是房屋安全的重要保证，其类型、材料、结构、构造等是要经过慎重选型、设计、计算的。

房屋的全部荷载是通过基础传给地基的，两者密不可分。基础和地基首先应满足自身的强度、刚度和稳定性的力学性能要求，然后是二者的结合也必须满足强度、刚度和稳定性的力学性能要求，才能最后共同保证整个房屋建筑的力学性能要求。房屋基础深埋于地下，很重要的原因之一就是使地基与基础牢固地结合在一起。

二、基础的类型与构造

建筑物结构类型不同会选用不同类型的基础，如砖墙承重的砖混结构房屋多采用沿墙下设置的条形基础；框架结构房屋多采用独立柱基础等。基础可以使用不同材料建造，因各种建筑材料自身力学性能不同，也会形成不同结构类型的基础；基础结构类型不同，其构造形式也会不同。因此，建筑工程中有很多类型和构造的基础。

（一）按材料和传力特点分类

1. 刚性基础

使用刚性材料建造的基础称为刚性基础。刚性材料的力学特点是有很高的抗压强度，但抗拉强度很低，故使用这种材料建造的基础只能使基础受压，而不能产生拉应力。常用的刚性材料有砖、石、混凝土等，故用这些材料建成的基础称为刚性基础。

决定基础能否受拉，其关键问题是基础大放脚宽、高的比例关系，如图 2-2 所示。基础大放脚一侧的宽 b_2 和高 H_0 间形成一个夹角 α，此 α 角值的大小，受基础材料自身的力学性能限制，刚性基础台阶宽度比允许值见表 2-1。

刚性基础多用于地基承载力较高地基上的低、多层建筑。

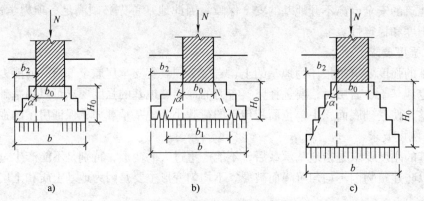

图 2-2　刚性基础的受力特点

a）基础的 b_2/H_0 值在允许范围内，基础底面不受拉　b）基础宽度大，b_2/H_0 大于允许范围，基础因受拉开裂而破坏

c）在基础宽度加大的同时，增加基础高度，使 b_2/H_0 在允许范围内

表 2-1　刚性基础台阶宽度比允许值

基础材料	质量要求		台阶宽高比的允许值		
			$p \leqslant 100$	$100 < p \leqslant 200$	$200 < p \leqslant 300$
混凝土	C10 混凝土		1:1.00	1:1.00	1:1.00
	C7.5 混凝土		1:1.00	1:1.25	1:1.50
毛石混凝土	C7.5～C10 混凝土		1:1.00	1:1.25	1:1.50
砖	砖不低于 MU7.5	M5 砂浆	1:1.50	1:1.50	1:1.50
		M2.5 砂浆	1:1.50	1:1.50	
毛石	M2.5～M5 砂浆		1:1.25	1:1.50	
	M1 砂浆		1:1.50		
灰土	体积比为 3:7 或 2:8 的灰土，其最小干密度：粉土 1.55t/m³；粉质粘土 1.50t/m²；粘土 1.45t/m³		1:1.25	1:1.50	
三合土	体积比 1:2:4～1:3:6（石灰:砂:骨料），每层约虚铺 220mm，夯至 150mm		1:1.50	1:2.00	

注：p 为基础底面处的平均压力（kPa）。

（1）砖基础：在地基土质较好、地下水位较低、六层以下的砖混建筑中常使用砖基础。

砖基础的优点是取材容易、价格低廉、施工简便；缺点是强度低、整体性、耐久性、抗震性差。

砖基础的截面由基础墙和大放脚组成，基础墙的厚度由基础之上的墙厚决定，大放脚的宽度由地基承载力的大小决定。大放脚的宽、高比受砖材质刚性角限制，故其大放脚形式可采用等高与不等高两种，如图2-3所示。

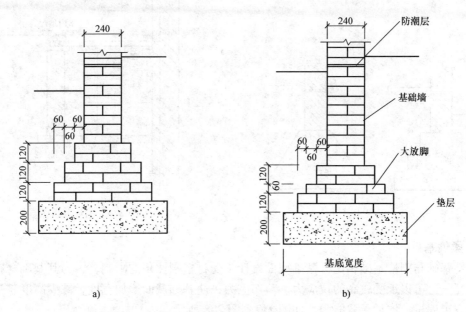

图2-3　砖基础构造
a）等高式大放脚　b）间隔式大放脚

（2）毛石基础：毛石基础所用毛石多为不规整的大块花岗岩石，这种基础的使用条件与砖基础差不多，虽然石块本身抗压强度比砖高，但因其外形不规整，使砌体整体性差，整体强度并不高。

毛石基础的截面形式和尺寸如图2-4所示。

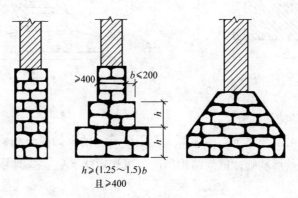

图2-4　毛石基础

（3）混凝土基础：无筋混凝土基础是刚性基础中最好的一种，优点是抗压强度高、可塑性好、刚性角大、耐水性和耐久性好。因可塑性好，混凝土基础的截面可呈阶梯形、锥形，如图2-5所示。

（4）室内管沟：有些低层、多层无地下室房屋，为了放置给水排水管道、热力管道、燃气管道等，常在首层地面之下，沿墙设置管沟，其构造如图2-6所示。

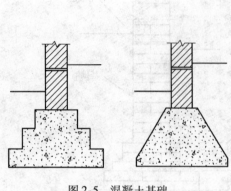

图2-5　混凝土基础

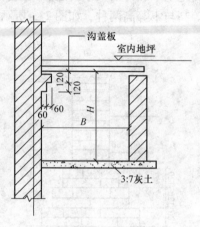

图2-6　沿墙管沟

2. 柔性基础

柔性基础与刚性基础相比，基础截面设计不受材料刚性角的限制，因为其基础材料采用钢筋混凝土，可以承受较高的拉应力、剪切应力，使基础截面增加宽度，减少高度、基础埋深和土方工程量，增加承载能力。如图2-7、图2-8所示。

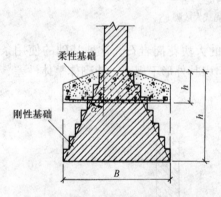

图2-7　刚性基础和柔性基础的比较

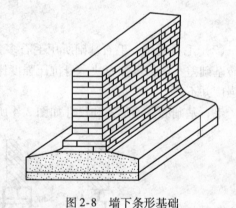

图2-8　墙下条形基础

（二）按基础的结构形式分类

基础结构形式是由上部建筑结构结形式的需要确定的，如混合结构房屋外砖墙承重时，则基础一般选用墙下条形基础；框架结构房屋，可选用柱下独立基础等。

1. 条形基础

条形基础设于墙下或柱下，呈长带形状，故也称带形基础。这种基础的优点是建筑的连续性、整体性好，特别是当地基土质不均匀时，这种基础可以抵抗地基的不均匀沉降，防止建筑的局部损坏。

条形基础的建筑材料可采用砖石、混凝土或钢筋混凝土等，如图 2-9 所示。

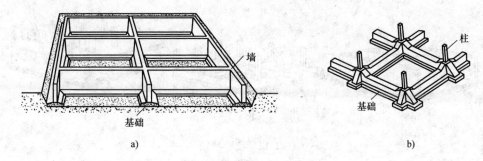

图 2-9　条形基础

a）墙下条形基础　b）柱下条形基础

2. 独立基础

独立基础多用于柱下基础，当设地基梁时，也可用于墙下。独立基础可用砖、石、混凝土、钢筋混凝土建造，如图 2-10 所示。

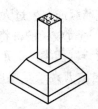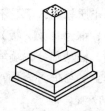

图 2-10　独立基础

3. 井格基础

当地基土质不均匀，为防不均匀沉降，常将建筑的基础在纵、横两个方向用基础梁连接起来成井格形式，这种基础是用钢筋混凝土建造的，如图 2-11 所示。

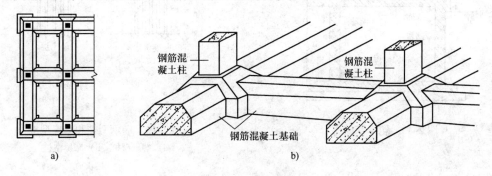

图 2-11　井格基础

a）平面图　b）轴测图

4. 筏形基础（满堂基础）

筏形基础是在整个建筑平面范围的地基上设置底板，使整个建筑荷载支承于底板上，如同水面上的筏子。筏形基础用钢筋混凝土浇筑而成，分为有梁式和无梁式两种，如图 2-12

所示。筏形基础整体性好，能较好地抵抗地基的不均匀沉降。

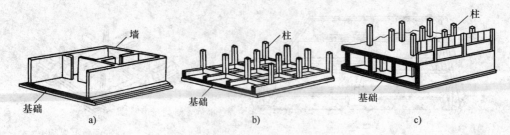

图 2-12　筏形基础
a）板式　b）梁板式　c）箱形

5. 箱形基础

　　箱形基础多用于有地下室的建筑，由地下室的底板、墙板、顶板及其中的柱子构成箱体。作为建筑的基础，钢筋混凝土箱形基础整体性好、整体刚度大，而且其形成的地下空间可作为地下室使用，扩大了建筑利用面积。箱形基础如图 2-13 所示。

6. 桩基础

　　当浅层地基土质软弱，承受不了建筑荷载或产生过大沉陷量时，可选用桩基础。钢筋混凝土桩基础由桩、承台（梁、板）组成，通过较长的桩将房屋荷载传至较深的坚硬土层上。因承载方式不同，桩基础分为端承桩和摩擦桩两类。端承桩是桩尖支承并传载至坚硬土层；摩擦桩是靠地基土层与桩身表面产生的摩擦力来承受房屋荷载；也有即端承又摩擦的桩基础，如图 2-14 所示。

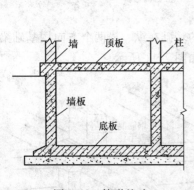

图 2-13　箱形基础

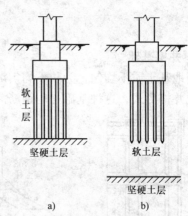

图 2-14　端承型桩和摩擦型桩
a）端承型桩　b）摩擦型桩

第三节　地　下　室

　　地下室常由钢筋混凝土底板、墙板、柱、顶板、门窗、楼梯（电梯）等组成。地下室因用途不同分为普通地下室和人防地下室；因位置不同又分为全地下室和半地下室，如图 2-15 所示。

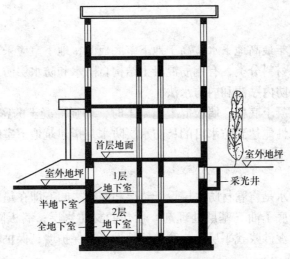

图 2-15　地下室示意图

不论全地下室还是半地下室，多为常年受潮湿土壤或受地下水的浸蚀，为了有效地使用这一地下空间，必须解决地下室的防潮、防水问题。

一、地下室防潮

当地下水的最高水位和常年水位均在地下室底板以下，墙板只受无压水作用，地下水不会浸入地下室时，地下室墙板只做防潮处理即可。墙板防潮的具体做法是抹 20mm 厚 1:2.5 水泥砂浆，其上刷冷底子油一道，再刷两道热沥青。墙板防潮层外的回填土应选用低渗透性土壤，分层夯填，其厚度应在 0.5m 以上。

除底板、墙板防潮外，墙板上还应设两道水平防潮层。一道设于地下室地坪厚度之间，另一道设于室外地坪之上。这样使墙板竖向防潮层与两道水平防潮层连成整体，防潮效果会更好，如图 2-16 所示。

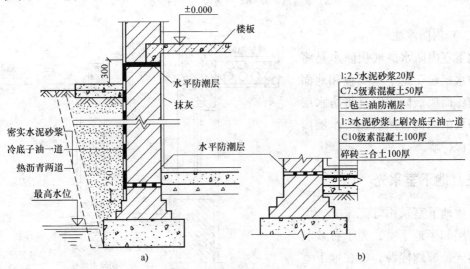

图 2-16　地下室的防潮处理

a) 墙身防潮　b) 地坪防潮

二、地下室防水

当常年地下水位或年最高地下水位高于地下室底板时，地下室应采取防水措施。地下室防水做法很多，按防水材料分类，有钢筋混凝土结构自防水和防水层防水两种；按防水层位置分有外防外贴法、外防内贴法和内防水法。

结构自防水是在混凝土底板、墙板混凝土施工时，增强混凝土的密实性或掺加防水剂，使混凝土自身具有防水性能达到防水目的；防水层防水是指建筑地下室时，在底板与垫层之间和墙板上粘贴卷材防水层。

（一）外防外贴法

外防外贴法底板防水是将卷材防水层设于垫层和底板之间，即在垫层上抹 1:3 水泥砂浆找平层，找平层上刷冷底子油（基层处理剂）后作卷材防水层；墙板防水是将卷材防水层粘贴在墙板的外侧的水泥砂浆找平层上，防水层外设半砖保护墙，保护墙外用渗透性小的土壤回填，如图 2-17 所示。

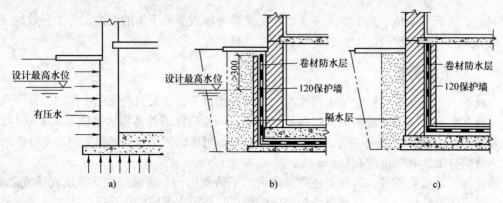

图 2-17　地下室卷材防水做法

a) 有压地下水　b) 外防水　c) 内防水

（二）内防水法

地下室内防水的底板防水是将卷材防水层设于地下室底板和地面层之间；而墙板防水则是将防水层贴于墙板的内侧，然后在防水层内侧再设保护墙。

三、地下室采光

多数地下室采用灯光采光，但对于首层和半地下室，为了有效利用自然光，节约能源，常在地下室沿外墙一侧设采光井采光。采光井的构造如图 2-18 所示。

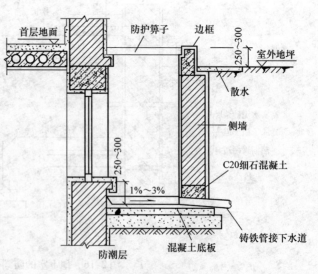

图 2-18　采光井构造

本章学习思考题

1. 何谓房屋地基？地基对房屋起什么作用？
2. 地基分哪两大类？哪种地基更经济、应首选？
3. 对地基的力学性能有哪些要求？从力学角度考虑，何谓强度、刚度和稳定性？
4. 房屋基础的作用是什么？基础与地基有何关系？
5. 何谓刚性基础、柔性基础？
6. 何谓刚性基础的大放脚？大放脚对刚性基础的设计、施工起什么作用？
7. 建造刚性基础常用哪些材料？其中哪种材料最好？
8. 试绘图说明砖砌刚性基础常用的两种组砌形式。
9. 柔性基础的优点是什么？多用什么材料制成？
10. 基础按结构形式分哪些种类？各类有何特点？
11. 具备什么条件时，地下室可只做防潮处理？
12. 试述地下室防潮的具体做法。
13. 地下室在什么条件下必须做防水处理？
14. 试述地下室防水的具体做法有哪些？各种做法的特点是什么？
15. 地下室采光如何解决？采光井如何解决地下室采光？

本章构造设计题

试设计一刚性基础剖面图，该基础为混凝土垫层，底宽1200mm，砖基础墙厚240mm，C30混凝土垫层厚300mm，底面标高−2.0m，室外设计地坪标高−0.300m，砖基台阶设计成等高或不等高均可。

第三章　房屋墙体概述

第一节　墙体的类型

一、按组成材料分类

中华民族建筑历史悠久，但因长期的封建统治，使材料科学发展缓慢，秦砖汉瓦木结构延续至今，人民共和国建国后，材料科学才得以迅速发展。

墙体按组成材料分类有泥土（土坯）墙、木墙、砖石墙、各种砌块墙、混凝土墙、钢筋混凝土墙。

二、按墙体所处方向和位置分类

按墙体在房屋中所处方向分类有纵墙（顺着房屋长向的墙）、横墙（垂直房屋长向的墙）；按所处位置分为内墙、外墙，如图3-1所示。

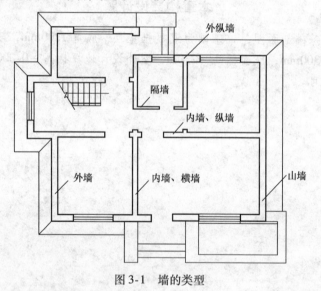

图 3-1　墙的类型

三、按墙体受力类型分类

墙体按受力状况分为承重墙（除自重外还承受由其上传下来的外荷载）、非承重墙（除自重外不承受外来荷载）。在框架结构房屋中，为了增强房屋的纵横向稳定性，在承重柱间或两道纵墙间经常需设"剪力墙"，是一种特殊承力墙。在幕墙建筑中，悬挂在柱、梁上的玻璃、铝合金墙板称为幕墙。

四、按墙体施工方法分类

墙体因组成材料不同其施工方法也不同，则分为砌筑墙（如砖、砌块墙）、各种预制板材墙、现场浇筑墙。

五、按构造方式分类

这种分类有实心墙、各种空心墙、复合墙等，如图 3-2 所示。

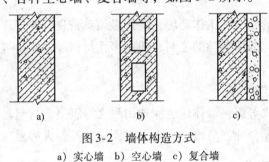

图 3-2　墙体构造方式
a）实心墙　b）空心墙　c）复合墙

第二节　对墙体的设计要求

一、对墙体的力学性能要求

墙体的力学性能要求包括强度要求（墙体应满足强度——拉压弯剪要求）、刚度要求和稳定性要求。为了提高墙体的力学性能，常采取如下措施：

（一）组成墙体的材料强度应满足设计要求

各种建筑材料都有自身的强度等级，材料的强度等级必须适应墙体强度等级的要求，而且砌体强度经常要比组成材料强度低得多。因此，选择筑造墙的材料是设计工作中的重要环节。对一些无强度等级标志的建筑材料，应通过试验获取准确强度数据后，按试验级别使用。

（二）墙体的长、高、厚度尺寸的比例关系应合适

高而薄的墙不如矮而厚的墙更稳定；长而薄的墙不如短而厚的墙力学性能更好。因此，墙体设计时，应根据房间层高、开间、进深等尺度，经计算确定墙体厚度。当因特殊原因不能满足厚度要求时，可采取提高材料等级、增设墙垛、壁柱、圈梁等措施，提高墙体的稳定性。房屋高度和层数与墙厚的关系可按规范确定，见表 3-1。

表 3-1　多层砖房总高和层数限制

抗震设防烈度　最小墙厚	6		7		8		9	
	高度/m	层数	高度/m	层数	高度/m	层数	高度/m	层数
240mm	24	8	21	7	18	6	12	4

二、满足热工要求

房屋外墙直接受室外冷、热空气的作用，通过外墙的传导影响室内温度。为了保持室内的适合温度，房间外墙必须具备良好的隔热性能，即外墙应选用热导率小的材料建造。另外，还可以采用复合墙体，减少外墙的热传导。

三、满足隔声要求

为了保持室内安静的生活和工作环境，墙体必须具备良好的隔声性能。可以采取增加墙体的厚度和密实性、加强墙体缝隙的密封、使用多孔材料、设置空气间层等措施。

四、防火要求

为了提高房屋的防火等级，墙体建造应选用耐火等级高的材料；还可按规范规定设置一定数量的防火墙，将房屋分片、分段，减少火灾面积，控制火势蔓延。

五、工业化生产要求

与其他行业相比，建筑行业的工业化生产水平较低，故应努力提高建筑业施工的机械化、自动化和工业化水平。在保证抗震设防要求的前提下，努力减轻自重、采用预制装配式等新材料、新技术、新工艺，提高建筑业的工业化水平。

第三节　墙体的结构布局

墙体的结构布局是指由墙体承受竖向，横向荷载的房屋中，设计所确定的纵墙承重、横墙承重、还是纵横墙均承重？由此，墙体的传力结构分为三种布置方案，即纵墙承重、横墙承重、纵横墙承重。三种承重布局各有优缺点，如图3-3所示。

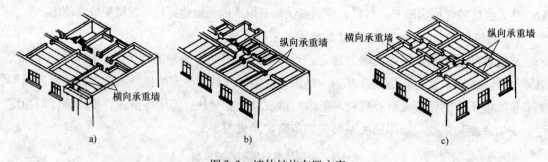

图3-3　墙体结构布置方案

a）横墙承重　b）纵墙承重　c）纵横墙混合承重

（1）横墙承重是将楼板、屋面板两端搁置在横墙上，由横墙逐层向下传递荷载。这时，横墙间距受到板长的限制，使房间开间小，进深可以大，适用于住宅、宿舍、办公楼等小开间建筑。这种承重体系房屋横向刚度大，承受横向水平荷载（如风力、地震力）能力强，房间整体性好。这时的房屋纵墙只起分隔空间（如房间与走廊的分隔）和对横墙的拉结作用。

（2）纵墙承重是将楼板、屋面板两端搁置在纵墙上，由纵墙逐层向下传递荷载。选用这种承载方式时，房间开间可以增大，适用于大开间的学校教室、实验室、图书馆、阅览室等建筑。纵墙承重方案使房屋纵墙间距小，纵向刚度大，横向刚度差。横墙只起分割空间、维护和增强一些横向刚度的作用。

（3）纵横墙混合承重是在一栋楼房中即有纵墙承重又有横墙承重。混合承重结构的优点是房间平面尺寸布置灵活，建筑物各向刚度好，缺点是结构复杂、楼板尺寸类型多、施工麻烦。混合承重结构适用于房间类型多，如医院、办公楼、教学楼等。

第四节　墙体的厚度和组砌方式

从墙体功能要求考虑，墙体厚度必须满足承重和热功要求，又因各地气温不同，承重和热功要求各有侧重。墙体厚度又因使用材料和组砌方式不同而不同。

一、砖墙的厚度

普通粘土实心砖的尺寸为240mm×115mm×53mm。为了适应墙体材料改革的要求，过渡的措施是使用粘土多孔砖，其尺寸规格较多，常用的一种为竖向圆孔多孔砖，其尺寸为240mm×115mm×90mm。使用实心或多孔砖时，墙体厚度见表3-2。

各种厚度砖墙的组砌方法如图3-4所示。

表3-2　粘土砖墙体的厚度　　　　　　　　　（单位：mm）

砖的类型	1/4砖墙	1/2砖墙	3/4砖墙	1砖墙	1.5砖墙	2.0砖墙	2.5砖墙
普通粘土砖	53	115	178	240	365	490	615
多孔粘土砖	90	115	215	240	365	490	615

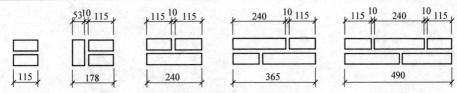

图3-4　各种厚度砖墙的组砌方法

二、砖墙的组砌方式

砖墙组砌的原则是横平竖直，灰浆饱满，错缝搭接，接槎可靠。常用组砌方式有一顺一丁、多顺一丁、梅花丁等，如图3-5所示。各种组砌方式中，以一顺一丁质量最能满足组砌原则要求；多顺一丁有竖向通缝，梅花丁施工麻烦。

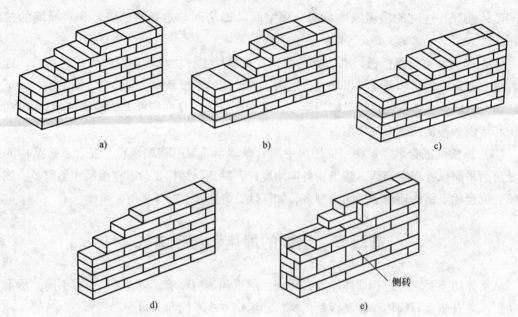

图 3-5 实体墙的组砌形式

a）一顺一丁（240 墙）　b）三顺一丁（240 墙）　c）同层一顺一丁（240 墙）

d）全顺式（120 墙）　e）两平一侧（180 墙）

本章学习思考题

1. 墙体按受力类型可分哪些种类？何谓剪力墙？常用于何种结构房屋中？作用是什么？

2. 房屋的墙体应满足哪些设计要求？

3. 按房屋结构布局，墙体承重分为哪些方式？试分析你所居住的房屋是何种承重方式？

4. 普通粘土实心砖墙的厚度尺寸都有哪些？

5. 砖墙的组砌方式有哪些？哪种组砌方式最常用、质量又好？

第四章　墙体的构造

第一节　墙　脚

一、墙脚外侧构造

墙脚外侧是墙的根部与室外地面交界之处，因其易受外界污损，雨雪浸蚀等破坏，应采取一些构造措施加以保护。这些构造措施包括设置勒脚、护坡和排水沟。

（一）勒脚

勒脚是在墙脚外侧专门设置的用来保护墙身的构造。勒脚因使用材料、设置高度不同，种类很多。有原墙材料加厚做法，使用更坚固材料建造此处墙身，也有各种贴面做法，如图4-1所示。

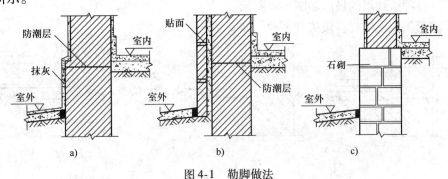

图 4-1　勒脚做法

a）抹灰　b）贴面　c）石材

（二）护坡

为了排除雨雪水，使其不浸蚀墙根和地基，要沿房屋四周设置宽度大于600mm的护坡，因材料、做法、尺寸的不同，常有如图4-2所示的各种做法。

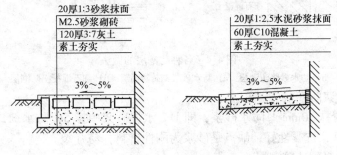

图 4-2　护坡做法

（三）排水沟

护坡应向外做3%～5%排水坡，将水排至排水沟内，再由城市雨水管道统一排出处理。

排水沟有明沟做法，如图4-3所示。更好的做法是加盖设暗沟。

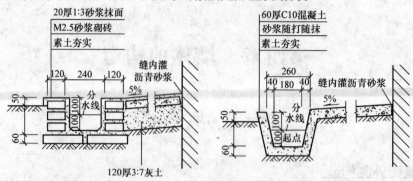

图4-3　明沟做法

二、墙身水平防潮层

基础和墙脚常年受地下水和雨水浸蚀，又因毛细作用，水位会沿墙上升，浸蚀墙体，影响室内卫生环境，为此，应在墙脚处设置水平防潮层，阻断潮气和水分的上升。防潮层位置应设在首层地面垫层厚度之间；如相临两房间地面有高差，还应在低标高房间地面外侧设竖向防潮层。各种防潮层的做法如图4-4所示。

水平防潮层的具体材料做法有多种，如图4-4所示。

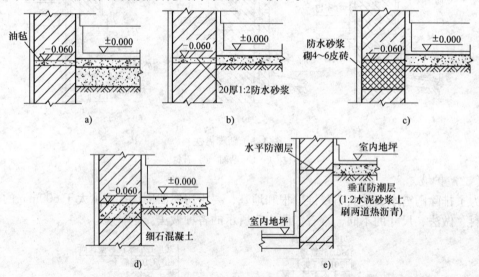

图4-4　各种防潮层的做法

a）油毡防潮层　b）防水砂浆防潮层　c）防水砂浆砌砖防潮层　d）细石混凝土防潮层　e）垂直防潮层

（一）防水砂浆防潮层

在防潮层位置抹30mm厚防水砂浆，即1:2水泥砂浆中掺5%防水剂，优点是防潮层与上下层墙粘结较好，抗震性好；缺点是砂浆为刚性材料，易开裂。

（二）防水砂浆砌砖防潮层

即用防水砂浆砌4~6皮砖，作为防潮层使用。

（三）油毡防潮层

在防潮层位置先抹20mm厚1:3水泥砂浆，其上刷冷底子油，再上做一毡两油防潮层。

这种防潮层防潮效果好，但因沥青防潮层与砖砌体粘结不好，降低了墙脚的整体性，使抗震能力减弱。

（四）细石混凝土防潮层

在防潮层位置浇筑 60mm 厚 C15 或 C20 细石混凝土，并在混凝土内配 3Φ6 或 3Φ8 钢筋。细石混凝土防潮层粘结性好，整体性好，抗震能力强。

三、墙脚内侧构造

墙脚内侧构造包括首层地面构造、踢脚线构造，如图 4-4 所示。

第二节 门窗、窗台及过梁

一、门

（一）门的作用

普通门的作用主要是供人们在房间之间、建筑内外通行之用，普通门也有紧急情况时疏散、通风和采光之作用。特种门还有疏散、防火、保温、隔声专门用途。

（二）门的类型

按门的用途分类有普通通行门、疏散门、防火门、保温门、隔声门等；按位置分类有内门、外门等；按材料分类有木门、钢门、铝合金门、塑钢门、玻璃钢门等；按开启方式分类有平开门、推拉门、弹簧门、折叠门、旋转门、卷门、上翻门、升降门等；按扇数（宽窄）分类有单扇门、双扇门、多扇门等；按门扇的构造形式分类有拼板门、镶板门、夹板门、纱门、百页门等。如图 4-5、图 4-6 所示。

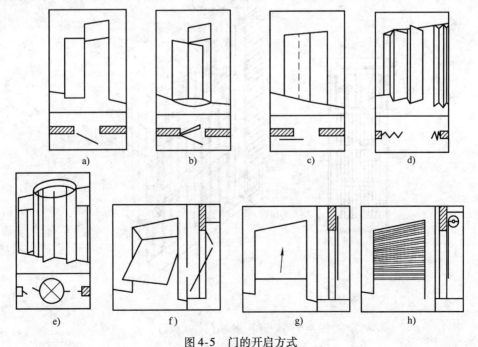

图 4-5 门的开启方式

a）平开门 b）弹簧门 c）推拉门 d）折叠门 e）旋转门 f）上翻门 g）升降门 h）卷门

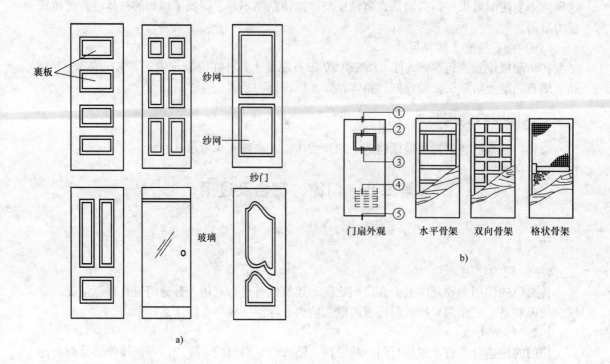

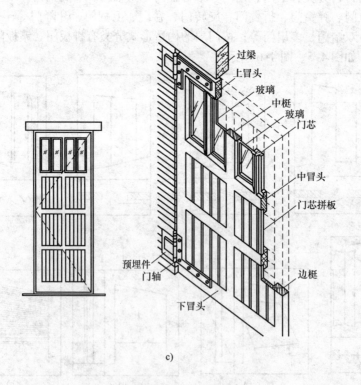

图4-6 镶板门、夹板门、拼板门

a) 镶板门 b) 夹板门 c) 拼板门

（三）门的构造

一般完整门的组成包括门框、门扇、亮子、门五金等，较高级装饰的门另有筒子板、贴脸、踢脚板等，如图4-7所示。

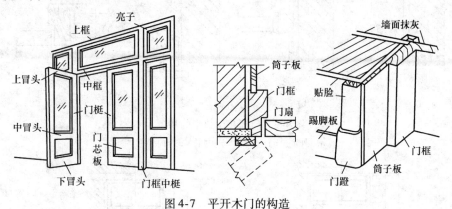

图4-7 平开木门的构造

（1）木门的构造：门框是固定在门洞墙上，供安装门扇的框框，由两根边竖框或几根中竖框、上横框、中横框和门槛组成。

1）木门门框断面形状和尺寸如图4-8所示，门框在洞口中的位置如图4-9所示，门框的安装方式如图4-10所示。

2）木门扇与木门框的连接：平开门时为合页连接；推拉门时有扇下设滑轨，扇上设滑槽；折叠门时为扇间设合页，扇上设吊滑轮。

（2）钢门窗框、扇料有实腹与空腹之分，而且门与窗框扇料区别不大。图4-11为实腹式钢窗的构造；图4-12为空腹式钢窗的构造；图4-13为空腹式钢门的构造。

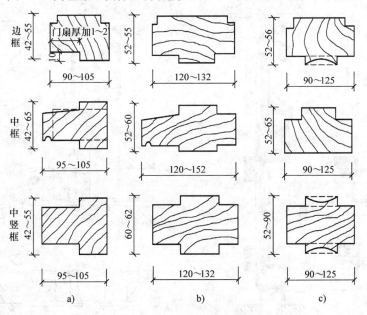

图4-8 平开木门门框的断面形状和尺寸

a）单层门 b）双层门 c）弹簧门

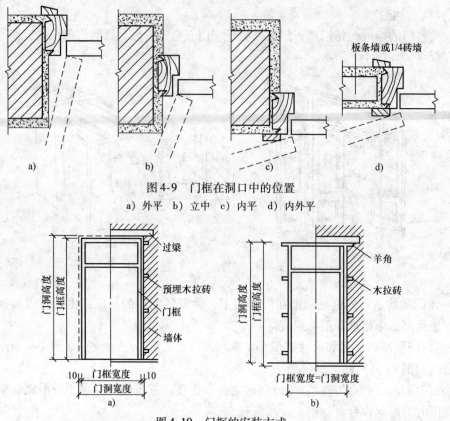

图4-9 门框在洞口中的位置

a) 外平 b) 立中 c) 内平 d) 内外平

图4-10 门框的安装方式

a) 塞口 b) 立口

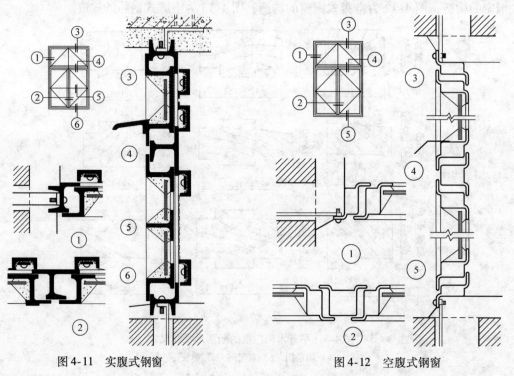

图4-11 实腹式钢窗   图4-12 空腹式钢窗

（3）铝合金门：铝合金门可为平开，也可为推拉。图4-14所示为断桥铝合金平开门构造图，图4-15所示为平开地弹簧门，其框、扇料均为空腹组合断面。

（4）彩板钢门窗：彩板钢门窗是用彩板带钢柱管，经轧辊挤压成各种异型管材，经选料选型下料、加工，在组装台上用紧固件组装门窗。彩板钢门窗是代替钢木门窗的理想产品，是门窗的更新换代产品，其优点是重量轻、强度高，密闭性好，耐久性好，彩色鲜艳，美观大方。如图4-16、图4-17所示。

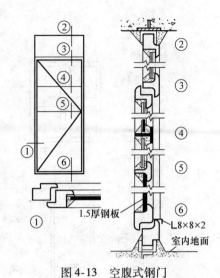

图4-13 空腹式钢门

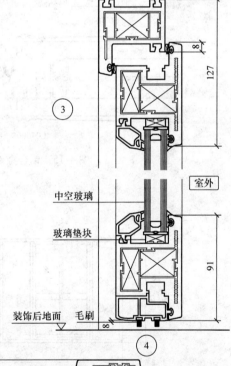

门立面图

注：
1. 根据工程需要，可以用拼框料组合成其他形式组合门或连窗门等。
2. 选用双道密封中空玻璃，可以选用多种厚度中空玻璃：5+9A+5、5+12A+5、6+9A+6、6+12A+6、5+A+5+6A+5、5+9A+5+9A+5。
3. 根据工程设计要求，可配置5~35mm不同组合规格的中空玻璃。

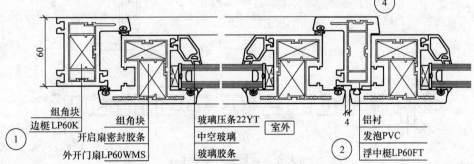

图4-14 断桥铝合金平开门的构造图

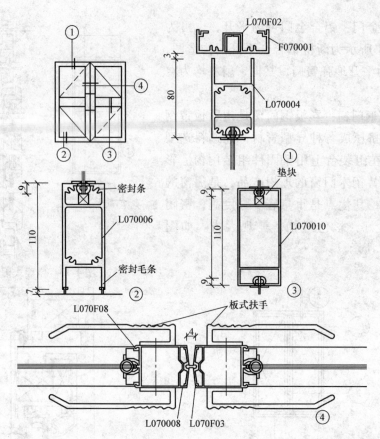

图 4-15　铝合金地弹簧门的构造图

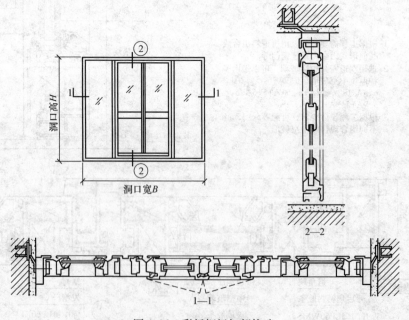

图 4-16　彩板钢门细部构造

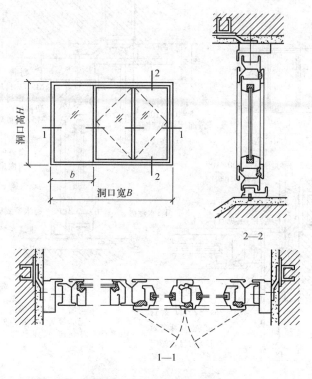

图 4-17　彩板钢窗细部构造

因彩板钢门窗制作精度较墙体门窗洞尺寸精度高，为保证安装精度，在洞口与门窗框间多设一道"副框"，以调整精度误差。这样彩板钢门窗的安装就分为带副框和不带副框两种。

1）带副框门窗的安装：在洞口内先塞入副框（预先加工成形），并用固定片（固定于副框外侧）与洞口预埋件焊接。对副框外围缝隙要进行填塞、密封、抹灰处理。再将门窗框塞入副框，用铆钉固定，还要密封处理。如图 4-18 所示。

2）不带副框门窗的安装：无副框门窗的安装需待洞口室内外装修完成后，将门窗框用膨胀螺栓直接固定在洞口墙上，然后密封即可。如图 4-19 所示。

（5）塑钢门窗

1）材料：塑钢门窗的材料以改性硬质聚氯乙烯（UPVC）树脂为主要原料，加上一定比例的稳定剂、着色剂、填充剂、紫外线吸收剂等辅助剂料，经塑化挤出成型为各种断面的中空异型材。对大型成片组合门窗的纵横框料（中框、边框），可在其空腔中穿入薄壁型钢加强筋，组装时可焊接，以加强其刚度。

2）塑钢门窗的优点是韧性好、强度高、耐冲击；隔声好，水气密性好；隔热保温节能；耐磨蚀、耐老化、寿命长；外观精美、易清洗。

3）塑钢门窗的安装和细部构造如图 4-20 所示。在寒冷和严寒地区使用塑钢门窗时，可安装双层玻璃，以增强隔热保温性能。

32

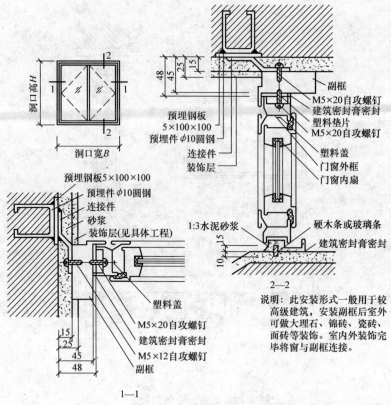

图 4-18　带副框门窗安装

说明：此安装形式一般用于较高级建筑，安装副框后室外可做大理石、锦砖、瓷砖、面砖等装饰。室内外装饰完毕将窗与副框连接。

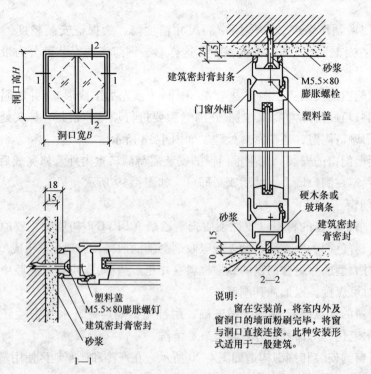

图 4-19　无副框门窗安装

说明：
窗在安装前，将室内外及窗洞口的墙面粉刷完毕，将窗与洞口直接连接。此种安装形式适用于一般建筑。

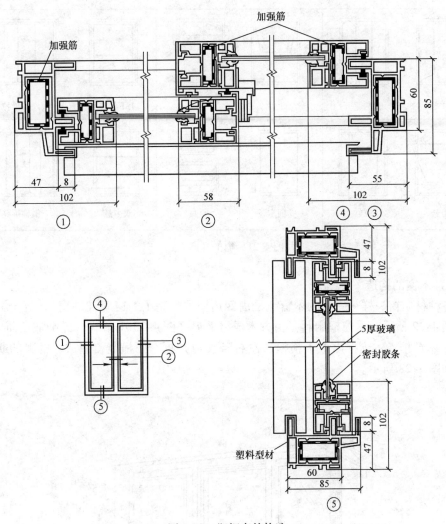

图 4-20　塑钢窗的构造

二、窗

同种材料门与窗的构造有不同之处，但也有很多相同之处，故在前面关于门窗的叙述中有时分别讲解（主要是木门窗），有时合而论之。在本节窗的内容中主要讲述其不同之处。

（一）窗的作用与类型

1. 窗的作用

窗的主要作用是采光通风，但窗是建筑围护结构（墙）的重要组成部分，故窗的另一主要作用是隔热保温，阻断风、雨、雪对室内环境的侵袭。

2. 窗的类型

在我国一些严寒地区，为了提高窗的保温性能，设双层窗，双层窗间层厚约 120mm，可作为空气保温层。按材料分类，窗的类型与门一样，即有木窗、钢窗、彩板钢窗、铝合金窗、塑钢窗等。按窗的开启方式分有平开窗，左右上下推拉窗、上悬窗、中悬窗、立转窗、双层外开窗、固定窗、百页窗等。按窗在宽度方向的扇数分有单扇窗、双扇窗、多扇窗等。如图 4-21 所示。

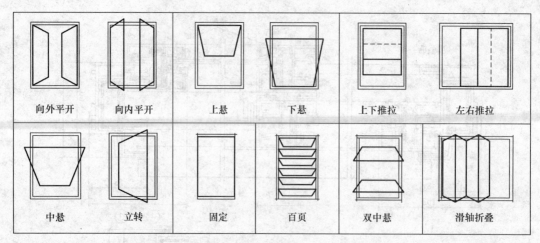

图 4-21　窗的开启方式

（二）木窗的构造

与各种材质窗一样，完整的木窗也是由四边窗框、亮子、窗扇（纱窗）、五金零件等组成，如图 4-22 所示。木窗框扇料是由方木成材毛料（图 4-23 中虚线）经细加工而成。

（1）木窗框：木窗框由上下横框、左右竖（边）框、中横竖梃组成。框料的断面形式及尺寸如图 4-23 所示。

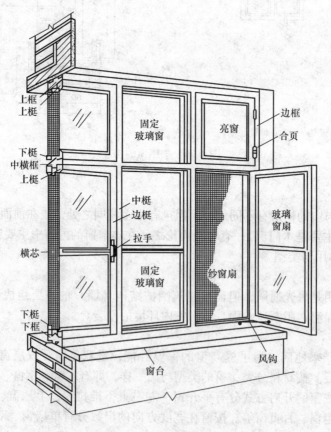

图 4-22　平开木窗的组成

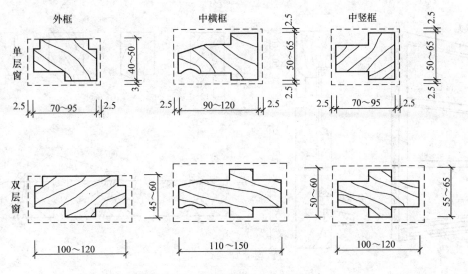

图 4-23　木窗框的断面形式及尺寸

（2）木窗框与墙的连接：框与墙的连接（安装）有立口与塞口之分，立口安装是墙砌到窗台位置开始立窗框，然后再砌两侧的窗间墙，将窗框固定好。塞口安装是砌墙时预留出窗洞口，在洞两侧墙中预埋木砖，安装门窗框时用钢钉或木螺钉将框与木砖固定。如图4-24所示。

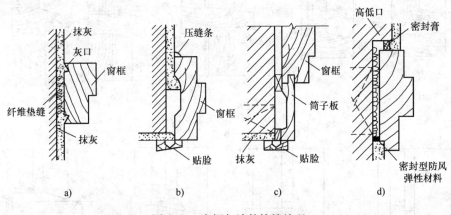

图 4-24　窗框与墙的接缝处理

（3）窗框扇料及安装节点：窗扇的组成及扇料如图 4-25 所示。窗框扇安装要采取措施解决好防水、密封等问题。如图 4-26 所示。

三、窗台与过梁

（一）窗台

窗台是窗下框与墙的结合部，要解决好密封、防水、适用、美观等问题。窗框在墙上位置有外平齐、内平齐、居中三种位置，如图 4-27 所示。位置不同，就产生外窗台、内窗台、无窗台三种构造。外窗台应设排水坡防渗透；内窗台最简单做法是抹水泥砂，美观做法是设预制细石混凝土、水磨石、大理石窗台板。详细构造如图 4-27 所示。

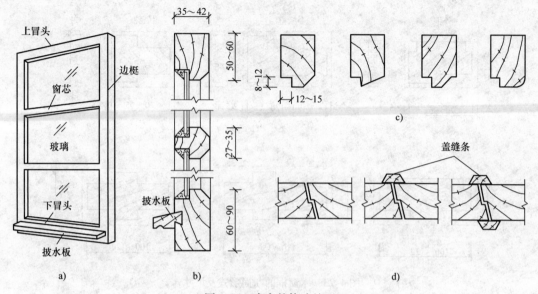

图4-25 窗扇的构造处理

a）窗扇立面图　b）窗扇剖面图　c）线脚示例　d）盖缝处理

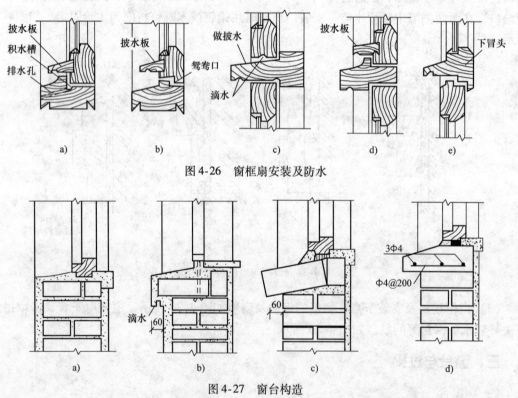

图4-26 窗框扇安装及防水

图4-27 窗台构造

a）不悬挑窗台　b）平砌砖挑窗台　c）侧砌砖挑窗台　d）预制钢筋混凝土挑窗台

（二）过梁

过梁是窗上框与墙的结合部，除应解决好防水、密封、美观等问题外，主要应解决好承载问题，窗洞口上部设过梁就是为承载。过梁按材料分类有木过梁、砖拱（券）过梁、钢

筋混凝土过梁。按施工方法分类有现
浇钢筋混凝土过梁和预制钢筋混凝土
过梁。现浇钢筋混凝土过梁多与每层
圈梁相结合同时浇筑，整体性好，抗
震好。钢筋混凝土过梁的断面形式有
矩形、带窗套过梁。砖拱（券）过梁、
钢筋混凝土过梁如图 4-28～图 4-30
所示。

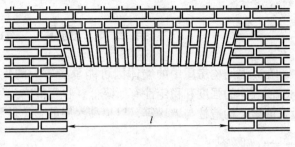

图 4-28　平拱砖过梁

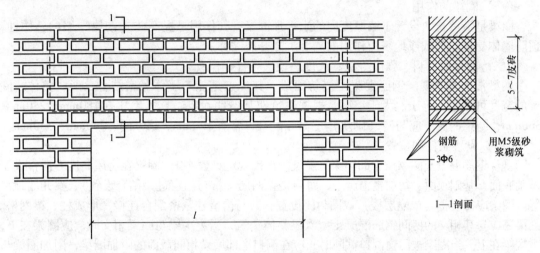

图 4-29　钢筋砖过梁

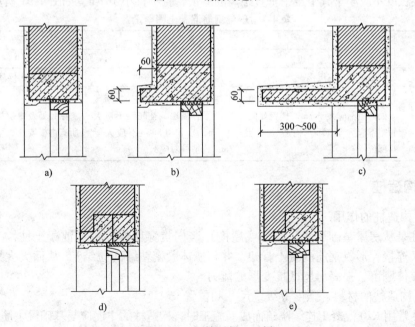

图 4-30　钢筋混凝土过梁

a）平墙过梁　b）带窗套过梁　c）带窗楣板过梁

d）寒冷地区钢筋混凝土之过梁一　e）寒冷地区钢筋混凝土过梁二

第三节　圈梁、构造柱与墙垛

在砖混结构房屋中的墙体因可能承受较大的集中荷载、开设门窗洞口、地震烈度等影响，使墙体的强度和稳定性有所降低，也可能产生不均匀沉降使墙体破坏，为此常在墙体上设置圈梁、构造柱与墙垛等，以提高房屋的整体性和抗震能力。

一、圈梁

（一）圈梁的作用

圈梁是沿墙长向设置于墙厚度内的水平加固梁，其作用是提高砖（砌块）墙的整体性，预防墙体受振动荷载或地震力作用的局部沉降开裂破坏。

（二）圈梁的材料、强度等级、尺度、设置条件和位置

圈梁常用 C20 现浇钢筋混凝土浇筑而成，其优点是能与墙体紧密结合，形成整体。圈梁的宽度可小于、等于、大于墙厚，根据建筑地基条件确定，具体尺寸有 180mm、240mm、360mm；圈梁的高度应与砖（砌块）层高相配合，常有 120mm、180mm、240mm、360mm。

（三）设置条件和位置

现浇钢筋混凝土圈梁设置的国家抗震设防规范规定见表 4-1。圈梁在房屋高度方向常设于基础底面、基础顶面、每层楼窗台下、每层楼盖四周（常与门窗过梁结合设置）、女儿墙顶部等。圈梁应每层楼（或隔层楼）成圈封闭设置，并与构造柱紧密配合连接，形成柱、梁网格。圈梁还应与其相交的房间钢筋混凝土主次梁整体浇筑，当主次梁与圈梁相交时，应圈梁在下，主次梁在上。当圈梁被门窗洞口截断时，应在洞口上部增设相同截面的附加圈梁，附加圈梁与圈梁的搭接长度不应小于其中至中垂直距离的 2 倍，且不得小于 1m，如图 4-31 所示。

表 4-1　现浇钢筋混凝土圈梁设置

墙类	抗震设防烈度		
	6 度、7 度	8 度	9 度
外墙和内纵墙	屋盖处及每层楼盖处	屋盖处及每层楼盖处	屋盖处及每层楼盖处
内横墙	屋盖处及每层楼盖处，屋盖处间距不应大于 7m，楼盖处间距不应大于 15m，构造柱对应部位	屋盖处及每层楼盖处，屋盖处沿所有横墙，且间距不应大于 7m，楼盖处间距不应大于 7m，构造柱对应部位	屋盖处及每层楼盖处，各层所有内横墙

二、构造柱

（一）构造柱的作用

构造柱是从房屋基础至女儿墙（或屋檐）竖向贯穿墙体的钢筋混凝土柱，又因其与各层圈梁交叉连接，形成钢筋混凝土骨架，并与墙体紧密粘结（拉结），从而大大提高混合结构房屋的整体刚度，提高房屋抵抗变形的能力。

（二）构造柱的材料、强度等级、尺寸和位置

构造柱常用 C20 混凝土连续浇筑而成。施工时，构造柱的主筋应与基础梁主筋相接，先将每层构造柱骨架绑好、沿骨架高每隔 500mm 向其周围墙内伸出长度不小于 1000mm 的 2～4 根拉结筋，砌墙时埋入水平砖缝内。然后围绕骨架预留马牙槎孔洞，在孔洞内浇筑混凝土。构造柱的断面尺寸应与所在墙体厚度相配合，一般有 180mm×240mm、240mm×240mm、240mm×

360mm、360mm × 360mm 等。

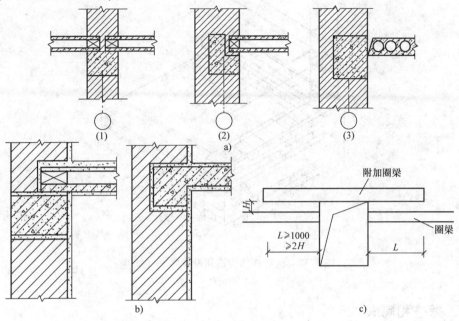

图 4-31 混凝土圈梁、位置、构造

a) 圈梁的墙位置 b) 钢筋混凝土圈梁 c) 附加圈梁 （1）承重内墙圈梁 （2）承重外墙圈梁 （3）非承重墙圈梁

构造柱在房间墙内的具体位置常是：各墙角处、丁字接处、较长墙的适当间距位置，特别是楼梯间，电梯间抗震设防要求高的墙四角，一定要设构造柱。构造柱的构造和设置要求如图 4-32 所示。

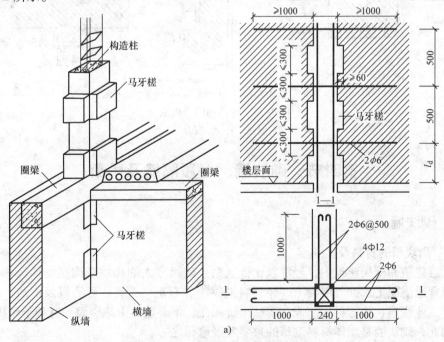

图 4-32 构造柱的构造和设置要求

a) 丁字接处

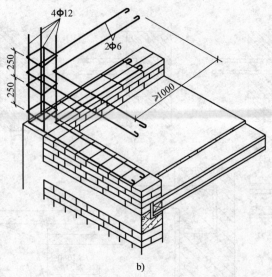

b)

图 4-32　构造柱的构造和设置要求（续）

b) 转向处

三、壁柱和墙垛

当墙较薄又长又高，且承受较大荷载时，为了保证墙体的刚度和稳定性，常设凸出墙面的壁柱、墙垛（门垛），与墙体共同承担荷载。壁柱、墙垛（门垛）的构造如图4-33所示。

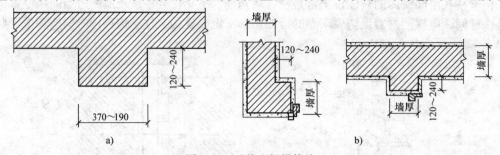

a)

b)

图 4-33　壁柱和门垛构造

a) 壁柱　b) 墙（门）垛

第四节　砌块墙、轻质隔墙及隔断

一、砌块墙

（一）砌块墙的材料及优缺点

在低层建筑和框架建筑中，经常以比普通粘土砖尺寸大的砌块来砌筑墙体，称砌块墙。砌块常以普通混凝土，加气混凝土、轻骨料混凝土、石灰、石膏、砂石以及矿渣、粉煤灰、煤矸石等工业废料、地方材料制成。与粘土砖相比，不必破坏土地资源、有利于经济的持续发展，因此，砌块墙是墙体材料改革的重要发展途径之一。

因砌块为空心或多孔墙材，提高了墙体的保温、隔热性能，节约了能源；减轻了墙体的自重，减少建筑荷载，提高了建筑的经济性。

（二）砌块的类型和尺寸

1. 按材料分类

有普通混凝土砌块、加气混凝土砌块、轻骨料混凝土砌块，利用各种工业废料制做的砌块等。

2. 按砌块在组砌中的作用与位置分类

有应用最多的主砌块和用以填缝、配砌的辅助砌块。

3. 按块体规格大小分类

有小型砌块、中型砌块和大型砌块。

小型砌块质量不超过 20kg，常用的外形尺寸有 390mm × 290mm × 190mm、290mm × 240mm × 190mm 等，辅助砌块有 90mm × 190mm × 190mm 等，主砌块高度在 115mm ~ 380mm 之间，适合人工搬运和砌筑。中型砌块每块重在 20 ~ 350kg 之间，主砌块高度在 380 ~ 980mm 之间，常用的外形尺寸有 240mm × 380mm × 280mm、180mm × 845mm × 630mm 等，需使用轻便机具搬运和砌筑。大型砌块重超过 350kg，主砌块高度大于 980mm，需要大型机具搬运和砌筑。目前，我国使用较多的是小型砌块。如图 4-34，图 4-35 所示。

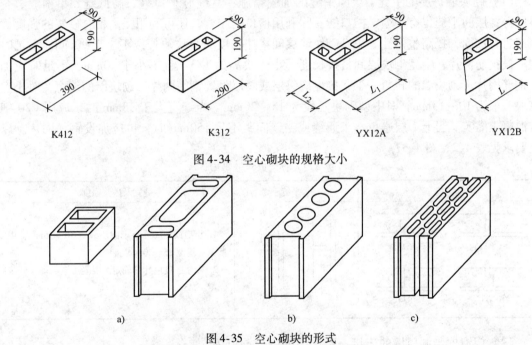

图 4-34　空心砌块的规格大小

图 4-35　空心砌块的形式

a）单排方孔　b）单排圆孔　c）多排扁孔

（三）砌块墙的细部构造

1. 砌块墙的排列设计

因每块砌块质量大、体积大（最小块体积大于三块普通粘土砖），搬运砌筑困难，故施工前应作好每面墙体砌块排列（使用）设计，并绘出砌块排列的平面图、立面图，注明每块的型号，以便按图进料和砌筑。如图 4-36 所示。砌块排列设计应遵循以下原则进行：

1）优先选用大规格的砌块，以便加快施工进度，一般主砌块应占 70% 以上。

2）尽量减少砌块规格，可使墙面整齐规范，对端头墙、门窗口可用辅助砌块、普通粘土砖镶砌填缝。

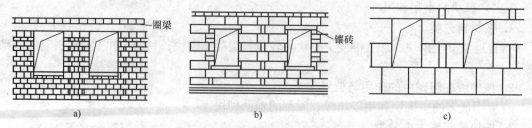

图 4-36 砌块墙排列组合示意图

a) 小型砌块排列图 b) 中型砌块排列图 c) 大型砌块排列图

3）上、下层砌块应错缝搭接，尽量避免通缝。

4）空心砌块上下层之间应孔对孔、肋对肋，以提高墙体的抗压能力。

5）内外墙交接和转角处砌块应互相搭拉，以增强其整体性。

2. 砌块墙的加固措施

（1）砌块墙每层的主缝、层间平缝的加固措施：立缝有平口缝、高低缝、单槽缝、企口缝等；层间平缝也有平缝、槽口缝。除利用槽口的咬合，还可利用提高粘合砂浆的强度等级来进行加固，提高整体性。小型砌块墙层间搭接长度为半块块长或不小于 90mm，不足时应加设钢筋网片；中型砌块层间搭接长度不小于块高的 1/3，且不小于 90mm，不足时应加设钢筋网片。砌块墙的转角，丁字接也应每层或隔层设置钢筋网片。砌块墙的缝宽，对小型砌块一般为 10～15mm，对中型砌块一般为 15～20mm。当缝宽大于 30mm 时，应用 C20 细石混凝土灌实。当上下层避免不了通缝或错缝间距不足 150mm 时，也应加设钢筋网片。以上要求见表 4-2、图 4-37。

表 4-2 砌块墙拼缝类型

垂直缝		水平缝		缝宽及砂浆强度
a) 平口缝	c) 单槽缝	a) 平口缝	b) 双槽缝	1. 小型或加气混凝土砌块缝宽 10～15mm，中型砌块缝宽 15～20mm 2. 砂浆强度由计算确定。混凝土空心砌块砂浆强度 ≥M5
b) 高低缝	d) 企口缝			

（2）门窗框与洞口墙的连接：砌块墙的门窗洞口因砌块的错缝搭接形成多种形式，如使用辅助砌块，用粘土砖补砌等，使门窗框与洞口墙的连接方式不同，有预埋木砖、膨胀螺栓、铁件锚固、砌块凹槽等固定方法。如图 4-38 所示。

（3）设置圈梁：砌块墙应在每层楼设置现浇钢筋混凝土圈梁，增强其整体性和抵抗不均匀沉降的能力。圈梁的位置可与窗过梁或楼板层统一考虑。圈梁可用木、钢模板，也可用预制钢筋混凝土槽形模板。如图 4-39 所示。

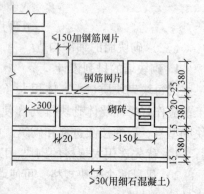

图 4-37 砌块墙排列和接缝处理

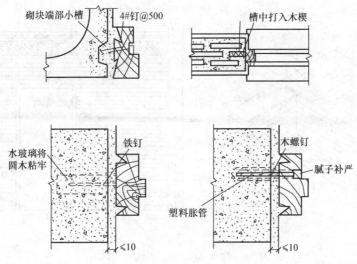

图 4-38　门窗框与洞口墙体的连接

（4）设置构造柱：为加强砌块墙的竖向整体性，在墙的转角处、丁字接处、较长墙的窗间墙上应设置构造柱。构造柱的做法可利用空心砌块的空心插入 $\phi10 \sim \phi20$ 钢筋后分层灌注细石混凝土，并在其周围墙内设拉结筋。如图 4-40 所示。

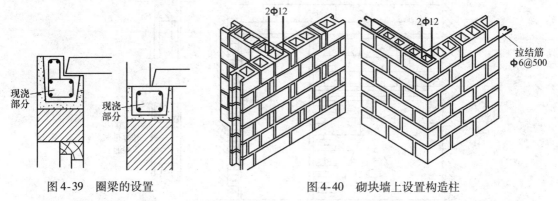

图 4-39　圈梁的设置　　　　　图 4-40　砌块墙上设置构造柱

二、轻质隔墙及隔断

（一）轻质隔墙

1. 块材类隔墙

（1）普通粘土砖或多孔粘土砖隔墙：普通粘土砖或多孔粘土砖隔墙多为厚 115mm 半砖厚，很少有 53mm 或 90mm 厚砖或多孔砖隔墙，采用 M5、M25 砂浆砌筑。当墙高超过 3m 或墙长超过 5m 时，应沿墙高方向每隔 500 ~ 1000mm 砌入 $2\phi6$ 钢筋与承重墙拉结。隔墙顶部与楼板相接处用立砖斜砌，并与楼板间留出 30mm 缝隙，抹灰时封口。隔墙上设门窗时，应预埋木砖、铁件或带有木楔的预制混凝土块，以便固定门窗框。如图 4-41 所示。

（2）砌块隔墙：砌块隔墙是使用各种轻质空心多孔砌块砌筑而成。此墙需沿墙高每隔 1200mm 在 30mm 厚灰缝中设 $2\phi4$ 或 $2\phi6$ 钢丝或钢筋通长与主墙拉结。为防潮防水，砌块隔墙底部应在楼地面或楼板上砌高度 ≥200mm 的同厚砖墙基。如图 4-42 所示。

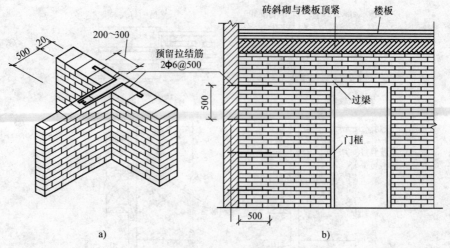

图 4-41 半砖隔墙

a）隔墙与承重墙拉结　b）隔墙顶部处理

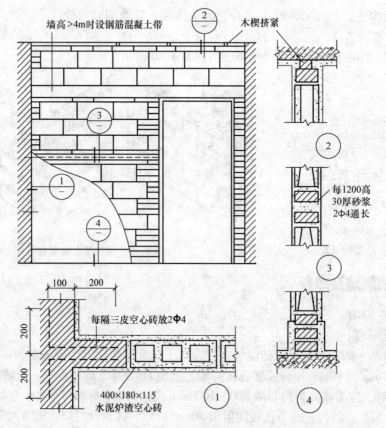

图 4-42 砌块隔墙构造

2. 轻骨架隔墙

轻骨架隔墙由各种轻质骨架和各种面板两部分组成。轻骨架有木骨架、轻钢骨架、铝合金骨架、塑钢骨架等；面板的种类也很多，如木胶合板、纤维板、石膏板等。骨架由沿顶龙骨，沿地龙骨，竖向龙骨、横撑龙骨、斜撑龙骨等构成，如图4-43所示。轻钢龙骨是由厚度为0.6～1.5mm的镀锌薄钢板经冷轧成的槽形截面，其尺寸为100mm×50mm或75mm×45mm。

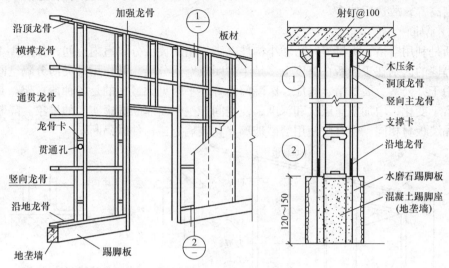

图 4-43　轻钢龙骨隔墙

（1）板条抹灰隔墙：板条抹灰隔墙的骨架为木骨架，要使用大量方木成材，施工复杂，抹灰又是湿作业，现已很少选用。其骨架断面尺寸为50mm×70mm、50mm×100mm，横撑、斜撑间距为1200～1500mm，竖向立柱间距为400mm时，其板条选用1200mm×24mm×6mm；立柱间距为500～600mm时，板条选用1200mm×38mm×9mm。板条间应留有7～10mm的缝隙，抹灰时灰浆应挤入缝隙内，才能粘结牢固。板条接头应沿墙高每隔500mm错开，且接头时应留出3～5mm的缝隙，以便于伸缩，如图4-44所示。

为防潮防水，板条墙下应设3～5皮半砖厚墙基，并在其上作踢脚板。板条墙与其他材质墙交接时，为增强抹灰粘结力，应先钉设钢丝网、后抹灰，如图4-45所示。板条墙上设门窗时，应扩大立柱的断面尺寸。

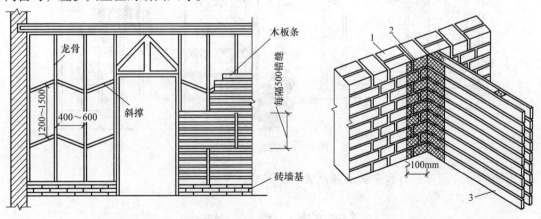

图 4-44　板条抹灰隔墙　　　　图 4-45　砖木交接处基层处理
　　　　　　　　　　　　　　　1—砖墙　2—钢丝网　3—板条墙

（2）轻质板材隔墙：轻质板材隔墙是使用各种预制轻型条板直接在楼板上安装成的隔墙。按材质不同，有轻混凝土条板、石膏条板、水泥条板、石膏珍珠岩条板、碳化石灰板及各种复合板材。板材的高度略小于房间净高，板宽多为600～1000mm，厚60～100mm。安装时，条板下部先用木楔顶紧，再用细石混凝土堵严抹平。条板间用粘结剂粘结并用胶泥刮缝后便可装修，如图4-46所示。轻质板材隔墙的优点是质轻、种类多、安装方便快捷、工业化程度高等，故选用较多。

（二）隔断

隔断是利用空格、板材等轻巧矮小构件，半封闭的灵活分隔室内空间，如图4-47所示。隔断与隔墙的区别在于隔断在高度上多是半封闭或空透分隔，其作用是灵活分隔空间遮挡视线。多用于办公室、展览馆、餐厅、医院门诊等，平时见到最多的是各种博古架。其优点是使空间富于变化，增加空间层次和深度，使空间产生似断非断虚虚实实的景象。隔断所用板材多与隔墙板材相同，也有些使用磨砂玻璃、花玻璃空透构件做隔断。

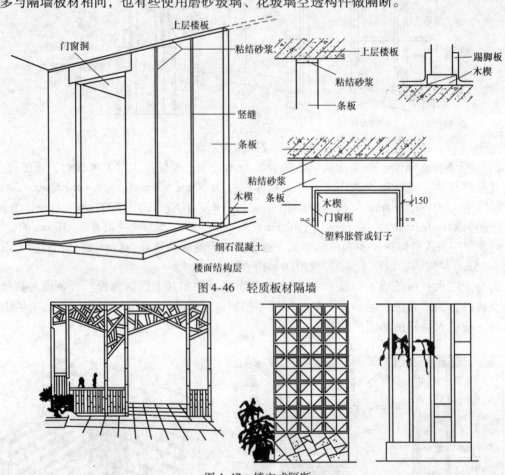

图4-46 轻质板材隔墙

图4-47 镂空式隔断

隔断的形式很多，有固定式、移动式、屏风式、镂空式等。

第五节 幕 墙

幕墙是悬挂于建筑主体结构上的外围护墙（替代木、砖石、混凝土等实体墙），它的应用始于20世纪初，因其突出体现了建筑功能与多彩的艺术装饰效果的完美结合，故使幕墙建筑发展迅速，在美化城市方面发挥了巨大作用。

一、建筑幕墙的特点

（1）丰富多彩的艺术装饰效果：幕墙，特别是玻璃幕墙打破了传统，创新出五个融合，即窗墙融为一体，内外景色融为一体，虚实融为一体，光影融为一体，建筑与环境融为一体。幕墙光影色彩的变化给人以动态之美。

（2）质量轻：作为围护结构（承受水平风荷载）与其他围护墙相比（砖、石、混凝土）质量轻得多，其中玻璃幕墙只是砖墙的 1/12～1/10，是平挂花岗石板、大理石板的 1/15，是混凝土板的 1/7～1/5，这就使幕墙建筑质量大大减轻，提高了建筑的经济性。

（3）安装方便快捷：幕墙是安装在建筑主体结构（梁、板、柱）上或在主体结构上安装的支承杆件上，只需要主体结构上或支承杆上预埋连接板、螺栓即可安装幕墙支承点或幕墙框，而支承点、幕墙框与幕墙面板的连接更简单方便（如螺钉、粘结剂、槽口等）。而且支承点、幕墙框、面板及连接件都是工厂生产的成品，切割加工方便。因此使幕墙的安装方便快捷。

（4）维修更新方便：因为幕墙使用的都是型材、板材、标准件，连接方式的可装可拆性强，使得其维修简易、更新方便快捷。

（5）温度应力小：幕墙材料多数属于弹性材料、柔性材料，连接点的活动余地又大，这就使幕墙不会因温度胀缩产生较大的温度应力，减少了外力的损坏。

二、建筑幕墙的类型

建筑幕墙类型繁多，其细部构造直接与类型相关，故必须清楚理解各种类型幕墙的特点，才能深刻理解各类幕墙的构造。

（一）玻璃幕墙的类型

1. 按支承结构划分
   - 框支承幕墙
     - 明框幕墙
       - 构件式幕墙（图4-48）
       - 单元式幕墙（图4-49）
     - 隐框幕墙
       - 竖、横全隐框幕墙
       - 横隐竖不隐幕墙
       - 竖隐横不隐幕墙
       均可分：构件式、单元式
   - 点支承幕墙：设专用支承结构（槽钢、工字钢、钢管、桁架）与建筑结构（梁、板、柱）连接固定，按玻璃规格大小，在支承结构上设支承点，支承点与面板固定（图4-50）
   - 全玻璃（无框）幕墙：由玻璃肋和玻璃面板组成，分层安装在结构上（图4-51）

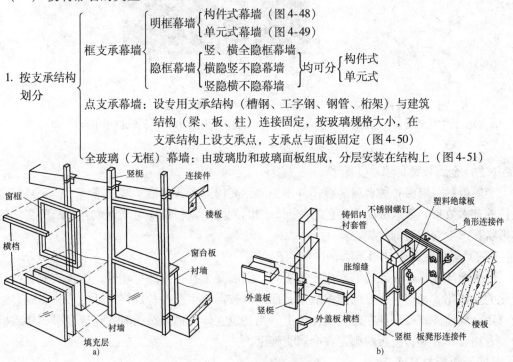

图4-48　构件式玻璃幕墙

a）分件式玻璃幕墙构造做法　b）竖梃连接构造

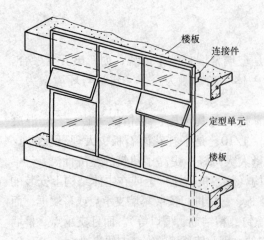

图 4-49　明框单元式幕墙

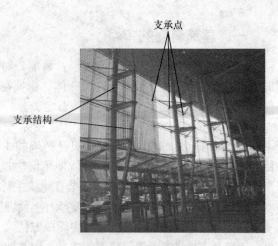

图 4-50　点支承玻璃幕墙

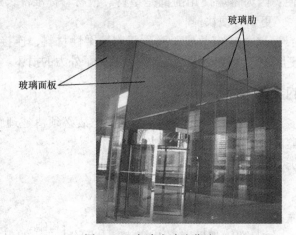

图 4-51　全玻式玻璃幕墙

2. 按安装方法划分 { 构件式幕墙：现场依次安装竖框、横框、面板
单元式幕墙：框架和面板在预制厂预制成幕墙单元，很多单元连成整体幕墙

（二）金属板材幕墙

金属板材幕墙由各种金属薄板作外围护墙，其构造形式相似于玻璃幕墙，但又具有自己独特的艺术效果。金属板材幕墙色彩绚丽，闪闪发光，其板材还可压制成各种凸凹变化的立体形状，产生立体装饰效果。

（三）彩色混凝土挂板幕墙

混凝土挂板是一种轻质、彩色装饰板材，因混凝土有很好的可塑性，能浇筑成各种凸凹变化的立体花纹，产生很好的艺术效果，而且可按需要生产各种规格尺寸的板材。混凝土挂板可用金属挂件直接悬挂在建筑实体墙上，当建筑立体为框架结构时，还应在梁、柱或板上安装专用金属骨架，将板材固定在金属骨架上。

（四）石板材幕墙

石板幕墙是使用各种石板材悬挂在建筑主体结构上，形成围护墙体。石板的种类很多，

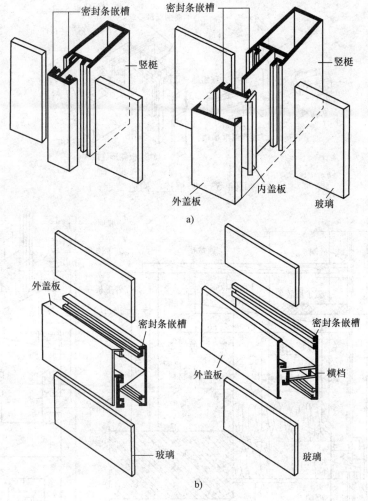

图 4-52　玻璃幕墙铝框断面
a）竖框　b）横框

有天然石材加工成的石板，如花岗石板、大理石板等；还有各种人造石板。石板幕墙悬挂的方法通常也是两种，即当主体结构为坚实墙体时（砖、混凝土等），可以利用成品金属挂件直接勾挂；当主体结构为框架结构时，需另设专用的型钢骨架，再用金属挂件勾挂成幕墙。

三、幕墙的细部构造

有框幕墙由骨架（横竖框）、面玻璃和附件三部分组成。

（1）骨架（横竖框）是有框幕墙固定、承载和传载（水平风荷载、振动荷载、变形荷载等）结构，是幕墙的主要组成部分。骨架的材料常用型钢、铝合金、铜合金、不锈钢、加芯塑钢等型材，其型材和所组成的骨架必须满足力学性能要求（强度、刚度和稳定性），还应满足泄水、防锈耐腐蚀、质轻、耐久、美观等要求。框材接头、交接处常采用焊接、铆接、咬合、螺栓连接等连接方式。铝合金横竖框如图 4-52 所示、竖框连接如图 4-53 所示、玻璃幕墙细部构造如图 4-54 所示。

（2）玻璃：玻璃是幕墙的面层，主要起围护作用，局部还起采光、通风作用。所以幕

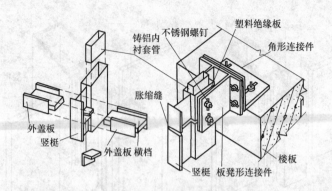

图 4-53　竖框连接构造

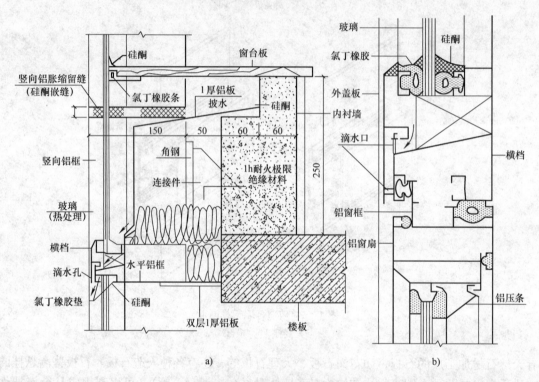

a)

b)

图 4-54　玻璃幕墙细部构造

a) 幕墙内衬墙及排水构造　b) 排水孔

墙玻璃应选隔热性能好、抗冲击力强的钢化玻璃、吸热玻璃、镜面反射玻璃、镀膜玻璃、中空玻璃等宜用安全玻璃，有单层、双层、双层中空、多层中空之分。玻璃还有各种颜色供选用：兰色、紫檀色、花色等。

（3）粘结及密封材料：幕墙中玻璃与框材、玻璃与玻璃的接缝、玻璃与板材的接缝等，一般要使用粘结和密封材料形成整体。幕墙所用粘结和密封材料必需具备高粘结性、高强度、抗腐蚀的材料，常用的有三元乙丙橡胶、硅橡胶、硅酮密封胶等。硅酮建筑密封胶是指嵌缝用的密封材，有很好的耐候性。另一种是硅酮结构密封胶，是用于玻璃（板材）与框料、玻璃与玻璃、玻璃与板材之的粘结材料，也是硅酮结构胶。

（4）其他材料：包括聚乙烯泡沫棒填充料、岩棉等保温材料、双面胶带等。

第六节 墙 面 装 饰

一、墙面装饰的作用

（1）保护墙体：房屋墙体外侧常年裸露在自然环境中，经受风、雨、雾、日晒、严寒、高温、机械等的作用，浸蚀墙面；而墙体的内侧又要经常受到碰撞、污染、潮湿等作用，故必须利用墙面装饰进行保护，延长建筑的使用年限。

（2）提高墙体的使用功能：人们常年生活在由墙体围成的空间内，墙体的质量直接影响人们的身体健康，如潮湿对皮肤的影响等；墙面经过装饰后变得平整、光滑、柔和，造成适合的人居环境；经装饰后增加了墙体厚度，提了墙体保温、隔热、隔声能力，改善室内音质效果。

（3）提高艺术效果，美化环境：建筑外立面装饰增强了墙面的质感、色彩、线型等，改善了光影效果，美化了城市环境。

二、墙面装饰的类型

按装饰位置，可分为室内装饰与室外装饰；按材料和施工方法可分为清水墙勾缝、抹灰类、贴面类、涂刷类、裱糊类、条板类、幕墙类等，见表4-3。

表4-3　墙面装修的分类及适用范围

类型	室 外 装 修	室 内 装 修
抹灰类	水泥砂浆、混合砂浆、聚合物水泥砂浆、拉毛、斩假石、拉假石、假面砖、喷涂、滚涂等	纸筋灰、麻刀灰粉、石膏粉面、膨胀珍珠岩灰浆、混合砂浆、拉毛、拉条等
贴面类	外墙面砖、陶瓷锦砖、玻璃锦砖、人造石板、天然石板等	釉面砖、人造石板、天然石板等
涂料类	石灰浆、水泥浆、溶剂型涂料、乳液涂料、彩色胶砂涂料、彩色弹涂等	大白浆、石灰浆、油漆、乳胶漆、水溶性涂料、弹涂等
裱糊类		塑料墙纸、金属面墙纸、木纹墙纸、花纹玻璃纤维布、纺织面墙纸及锦缎等
铺钉类	各种金属饰面板、石棉水泥板、玻璃	各种木夹板、木纤维板、石膏板及各种装饰面板等

三、墙面装饰的构造

（一）清水墙勾缝

砖墙或砌块墙施工，因要求不同可分为清水墙和混水墙。清水墙是指砌筑后不进行各类抹灰或各种贴面，只刷红土子浆，然后勾缝即可。勾缝一般用1:1 或 1:2 水泥砂浆，青砖墙用白灰膏，使用专门工具（灰溜子）手工勾抹横竖缝隙。按勾缝的断面形状，可分为平缝、平凹缝、斜缝、弧形缝等。如图4-55 所示。混水墙是指因砌后还要进行墙面抹面或贴面而对墙面清洁度要求不高的墙。

（二）抹灰类装饰

抹灰装饰种类很多，按抹灰面层所用材料不同，可分为一般抹灰和装饰抹灰两种。一般抹灰使用石灰砂浆、水泥砂浆、混合砂浆抹成平滑表面，是墙装修最基本的做法。装饰抹灰又因所用材料或工艺方法不同，有水刷石、干粘石、斩假石、拉毛灰等。装饰抹灰因其工艺复杂、操做水平要求高、加之现代装饰材料种类繁多、施工简易、质量好等原因，现场施工已较少使用（可做预制块粘贴）。

1. 一般抹灰

为保证抹灰层牢固、表面平整、不出现裂缝，施工时要分层操做，如图4-56所示。

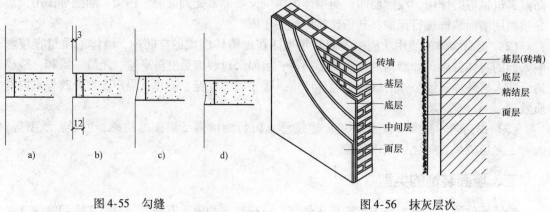

图 4-55　勾缝　　　　　　　　　　图 4-56　抹灰层次
a) 平缝　b) 平凹缝　c) 斜缝　d) 弧形缝

（1）抹灰层的组成及构造：抹灰由底层抹灰、中层抹灰、面层抹灰组成，外墙抹灰总厚度一般为 20～25mm，内墙抹灰总厚度为 15～20mm，顶棚抹灰总厚度为 12～15mm。抹灰层的组成与构造见表4-4。

表 4-4　抹灰层的组成与构造

灰层	作用	基层材料	厚度/mm	一 般 做 法
底层抹灰	与基层粘接和初步找平	砖墙基层	10～15	1）内墙一般采用石灰砂浆、石灰炉渣浆打底 2）外墙、勒脚以及室内有防水防潮要求，采用水泥砂浆打底
		混凝土、加气混凝土基层		采用混合砂浆和水泥砂浆打底
		木板条、苇箔、钢丝网基层		1）宜用混合砂浆或麻刀石灰浆、玻璃丝灰打底 2）需将灰浆挤入基层缝隙内，以加强拉结
中层抹灰	主要起找平作用	与底层基本相同	5～12	根据施工质量要求，可一次抹成，也可分遍进行
面层抹灰	主要起装饰作用	—	3～5	1）要求表面平整、色彩均匀无裂纹，可以做成光滑、粗糙等不同质感的表面 2）室内一般采用麻刀灰、纸筋灰，室外常用水泥砂浆、水刷石、斩假石等

（2）抹灰按质量和工序要求分三种标准：

1）普通抹灰：分两层，即一层底层抹灰，一层面层抹灰，适用于简易房屋、仓库等。

2）中级抹灰：分三层，即一层底层抹灰，一层中层抹灰，一层面层抹灰，适用于住宅、办公楼、学校、旅馆等。

3）高级抹灰：一层底层抹灰、数层中层抹灰、一层面层抹灰，适用于剧院、展览馆等公共建筑、纪念性建筑。

（3）护角：如果抹灰材料为石灰砂浆、混合砂浆等强度较低的抹灰，对局部易被碰撞的棱角，宜用1:2水泥砂浆做护角，高度不小于2m，每侧宽度不小于50mm，如图4-57所示。

（4）分格条：当抹灰面积较大时，为防止材料干缩或温度胀缩开裂，常将抹灰面积用分格条分成各种几何图形的小块。分格条的断面有梯形、三角形、半圆形等形式，施工时要预埋木条才能抹出分格条，如图4-58所示。

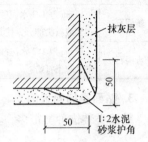

图4-57　内墙阳角护角构造

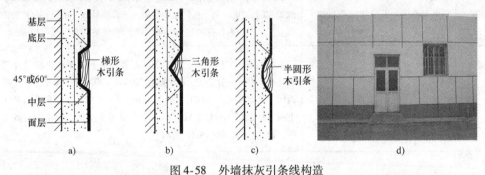

图4-58　外墙抹灰引条线构造

a）梯形引条线　b）三角形引条线　c）半圆形引条线　d）外墙引条线

2. 装饰抹灰

装饰抹灰按使用材料和工艺方法不同，主要有水磨石、水刷石、干粘石、斩假石等。装饰抹灰的形态如图4-59～图4-61所示。装饰抹灰的具体构造层次及施工工艺见表4-5。

图4-59　水磨石　　　　图4-60　水刷石　　　　图4-61　斩假石

表4-5　常用装饰抹灰的构造层次与施工工艺

面层名称	构造层次与施工工艺
水刷石	15mm厚1:3水泥砂浆打底，水泥纯浆一道，10mm厚1:1.2～1:1.4水泥石渣粉面，凝结前用清水自上而下洗刷，使石渣露出表面
干粘石	15mm厚1:3水泥砂浆打底，水泥纯浆一道，4～6mm厚1:1水泥砂浆+803胶（或水泥聚合物砂浆）粘接层，3～5mm彩色石渣面层（用甩或喷的方法施工）

（续）

面层名称	构造层次与施工工艺
斩假石	15mm厚1:3水泥砂浆打底，水泥纯浆一道，10mm厚1:1.2~1:1.4水泥石渣粉面，用剁斧斩去表面层水泥浆或石尖部分，使其显出凿纹
水磨石	15mm厚1:3水泥砂浆打底，分格固定金属或玻璃嵌条，1:1.15水泥石渣粉面，表面分遍磨光后用草酸清洗，晾干打蜡

3. 贴面类墙面装饰

贴面类装饰种类很多，其材料及构造见表4-6。

表4-6 贴面类装饰种类、材料及构造

贴面名称	材料	工艺与构造
面砖	各种面砖1:3、1:1水泥砂浆	贴面砖前，墙面先用1:3水泥砂浆抹底灰找平，并将砖面放入水中浸泡2h以上。底层灰干后用水泥浆刷一遍，然后划分格线，每片砖面自下而上，从左至右，分块刮5mm原1:1细砂浆粘贴，如图4-62所示
陶瓷锦砖	各种陶瓷玻璃锦砖，1:3、1:1水泥砂浆	贴前墙面要先抹15mm厚1:3水泥砂浆底灰找平，再按设计图案划300mm×300mm分格线。取出贴在300mm×300mm牛皮纸上的锦砖，背面向上平放在工作台上，刮3~4mm厚1:1细砂浆，自下而上（或自上而下）粘贴，待砂浆终凝后，喷水浸透牛皮纸，自左向右掀下牛皮纸，检查修补，如图4-63所示
天然及人造石材	花岗石、大理石等方整石板、石块φ6~10mm钢筋网，绑扎铜丝、1:3水泥砂浆干挂件	湿挂法：墙面施工时，预埋环形筋或膨胀螺栓，横向间距500~1000mm，竖向间距约为石板高；穿放或焊接φ6~10mm竖筋，在竖筋上按间距为石板高焊横筋，形成钢筋网，每块石板上距长向边须1/4处穿竖孔，在石板背面再穿水平孔与竖孔贯通；从左至右、从下自上用镀锌钢丝、不锈钢钢丝或铜丝将石板绑在横筋上，这时石板背面距墙面约20~30mm，再填灌1:3水泥砂浆，每块填1/3板高，初凝后再填灌下层。最后用1:1水泥砂浆与石板固定，水泥砂浆抹缝，如图4-64所示
		干挂法：当墙、柱为混凝土结构时，干挂法用特制不锈钢或镀锌膨胀螺栓连接器，合缝销等干挂件将预先钻孔的石板挂在墙、柱上面。当墙、柱为砖或加气混凝土结构时，应在墙外侧加设型钢骨架将装饰板挂在骨架上。普通干挂法装饰板与墙、柱结构间有80~100mm的空气层（空隙）。板缝间加泡沫塑料阻水条，外用防水密封胶作嵌缝处理，如图4-65所示
铺钉板材饰面	木质板类	胶合板、纤维板、硬木板及木质装饰面板、钉设在预先固定好的横或竖龙骨上，如图4-66所示
	石膏板类	因石膏板易吸潮，故先要在墙面上涂刷防潮涂料，然后将选定的某种石膏板材，铺钉在预先钉设的龙骨上，如图4-67所示
	金属板类	先在墙面上用膨胀螺栓或铆钉固定横或竖龙骨；然后用自攻螺栓或膨胀铆钉固定事先选定的不锈钢板、铝板、铝合金板、薄钢板等金属板材

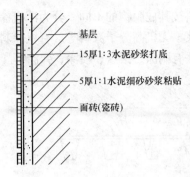

图 4-62　面砖贴面

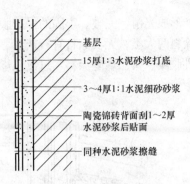

图 4-63　陶瓷锦砖贴面

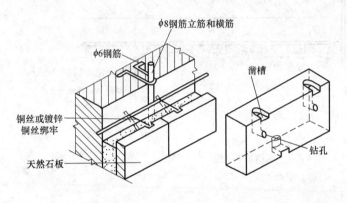

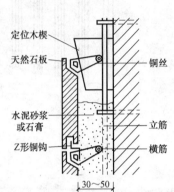

图 4-64　石材湿挂法构造

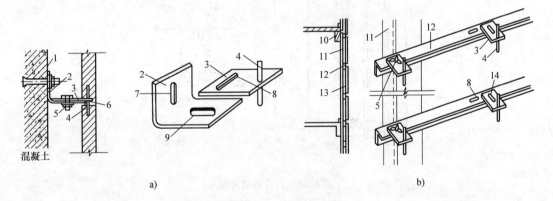

图 4-65　干挂法安装构造

a）挂件连接　b）金属钢架、挂件组合连接

1—不锈钢膨胀螺栓　2—不锈钢角钢　3—不锈钢连接片　4—不锈钢锚固针　5—连接螺栓

6—硅胶封闭　7—竖向椭圆孔　8—横向椭圆孔　9—纵向椭圆孔　10—预埋件或不锈钢膨胀螺栓固定

11—槽钢镀锌或防腐处理　12—角钢镀锌或防腐处理　13—饰面石板　14—直椭圆孔

4. 涂料类墙面装饰

涂料类墙面装饰是指将各种涂料涂刷、喷涂于墙柱中层抹灰基层上，砖、混凝土、木材表

56

面上，形成光滑、完整、牢固的保护膜的装饰做法。涂料按其成膜物的不同，分为无机涂料和有机涂料两大类，无机涂料有石灰浆、大白浆、可赛银浆、无机高分子涂料等。有机涂料有油漆、乳胶漆、聚乙烯醇涂料、过氯乙烯涂料等。施涂方法有刷涂、滚涂、喷涂、弹涂等。

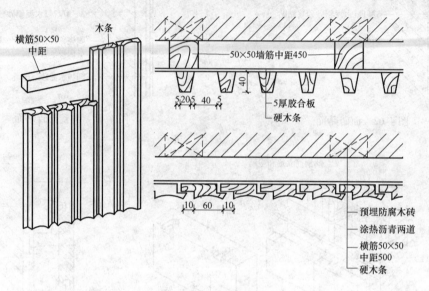

图 4-66　木质材料饰面

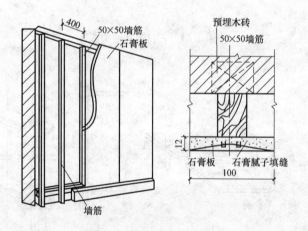

图 4-67　石膏板材饰面

5. 裱糊类墙面装饰

裱糊类墙柱面装饰是将墙纸、墙布、织棉等装饰性材料裱糊在平整、光滑的墙柱中层抹灰面上的一种装饰做法。墙纸（布）种类很多，常用的有 PVC 塑料墙纸、纺织物面墙纸、金属墙纸；墙布有玻璃纤维墙布、锦缎等。

裱糊类墙柱面的施工工艺常是在平整、光滑的中层抹灰上先用腻子刮封孔眼后弹线；裱糊时先将墙纸（布）平铺在工作台上下料、湿润、对花等，提起后令其自然下垂，按弹线位置逐张粘贴，然后用湿毛巾、刮板等推挤出气泡，如图 4-68 所示。

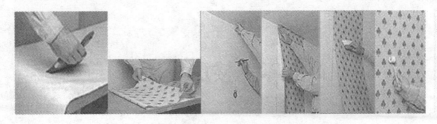

图 4-68　裱糊施工工艺

本章学习思考题

1. 在外墙根部外侧设置勒脚护坡、排水沟的作用是什么？
2. 墙身设水平防潮层的作用是什么？常用什么材料作水平防潮层？
3. 在相邻两房间之间的墙根部，具备什么条件时应设垂直防潮层？设在哪一侧？
4. 一户住宅都设哪些门？户门与内门在使用要求上有何不同？
5. 做门的材料都有哪些？从保温角度考虑，选择什么材料做门更好？
6. 一樘完整的门，都包括哪些部分？
7. 门框与门口墙如何连接？门框与混凝土墙如何连接？
8. 钢门窗有实腹和空腹之分，哪种保温性能好？为什么？
9. 塑钢门窗与铝合金门窗相比，哪种密封性能更好？
10. 防盗门与普通门有何不同？
11. 窗的披水板起什么作用？设在窗的内侧还是外侧？
12. 门窗过梁的作用是什么？都用什么材料制做？现浇钢筋混凝土墙如何设置门窗过梁？
13. 简述门窗的构造组成。
14. 什么是圈梁？其作用是什么？圈梁的厚度（高度）、宽度尺寸有哪些？
15. 圈梁经常设在建筑的什么位置？对其设置有哪些具体要求？
16. 构造柱的作用是什么？构造柱常设于建筑的什么位置？构造柱与圈梁有何关系？
17. 构造柱与其周围墙体如何连接？
18. 幕墙与其他围护墙相比有何特点？
19. 幕墙按其结构特点划分有哪些类型？
20. 墙体装饰有什么作用？

本章实训设计题

　　试绘图设计一外墙剖面图，设计条件要求如下：①外墙为 240 厚普通粘土砖墙。②设计高度从基础顶面向上至女儿墙压顶（参考第七章屋顶有关女儿墙的构造图示）。③剖面图为三层砖混结构，即砖墙、钢筋混凝土梁、板及过梁、圈梁有屋顶保温层。④塑钢窗（示意即可）。⑤室内外地坪标高差 450mm，各层高 3000mm，女儿墙顶高 +9.600m。

第五章 楼层与地面

第一节 概 述

一、楼层

(一)楼层的作用

楼层是指房屋竖向划分层数的分隔层,其主要部分是楼板结构层。楼层的作用是分隔房屋竖向空间,使人们能够生活、工作、生产在每层空间内;楼层又是房屋承受荷载的主要结构,它要承受人、家具、设备等竖向荷载,并将其传递给墙、柱,直至基础、地基,同时又要承受、传递由风力、人为力、地震力产生的水平力作用,对竖向结构(墙、柱)起支承作用。增强房屋的整体刚度,保证房屋安全;另外,楼层结构还兼有隔声、防火、防潮防水等作用。

(二)对楼层的设计要求

1. 强度、刚度和稳定性要求

楼层是房屋的结构层,必须具备足够的力学性能,即应满足强度、刚度和稳定性要求。强度要求是指其承载后不会因拉、压、弯、剪力作用而破坏;刚度要求是指其承载后不能产生超出规范规定的变形而影响使用;稳定性要求是指其承载后不能产生歪斜,倾覆。

2. 隔声要求

楼层是房屋竖向分隔层,隔成分层空间,为保证安静的室内环境,要求楼层必须满足隔声要求(约为 40~50dB),传声包括固体传声(走动、撞击、振动声),空气传声两类。楼层隔声可以采取如下措施解决:

1)在每层地面上铺设地毯、塑料毯、橡胶毯等柔性材料,减弱撞击、振动,起到隔声作用。

2)在楼板与地面间加设隔声材料、弹性材料,空气隔层等,阻断声音传递,如图 5-1a 所示。

3)楼板层下设顶棚,也可起到隔声的作用,如果使用吸声材料,隔声效果会更好。如图 5-1b 所示。

3. 保温隔热要求

当相邻上下层室内温度不同时,或悬挑楼层,无地下室的一层地面等,楼板层应满足保温隔热要求,防止室内热量散失,保证正常室温。楼层保温隔热的措施是在楼板结构层与地面层之间增设保温隔热层。

4. 其他设计要求

如防火要求(按防火等级设计)、埋设管线要求、经济要求等。

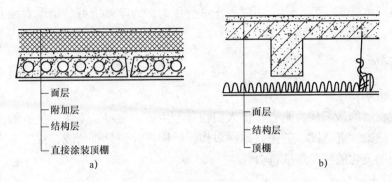

图 5-1 楼板层的基本组成

a）楼板与地面间加设隔声垫层 b）设顶棚隔声

（三）楼层的组成

为保证楼板层使用功能的完善，楼板应由结构层、附加层（隔声层、防潮层、保温隔热层等）、地面层、顶棚层等四部分组成，如图 5-1 所示。

（四）楼层的类型

1. 木结构楼板层

用圆木、方木作梁，上、下加设木板材地面及顶棚组成的楼板层。其优点是自重轻、弹性好、保温隔热性能好、使用舒适；缺点是耗用大量木材，防火、防潮、强度和耐久性等都不易满足要求，故除林区已无选用，如图 5-2 所示。

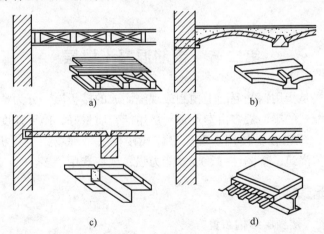

图 5-2 楼板的类型

a）木楼板 b）砖拱楼板 c）钢筋混凝土楼板 d）压型钢板组合楼板

2. 钢筋混凝土楼板层

以钢筋混凝土预制或现浇的梁板，上、下设附加层、地面和顶棚形成的楼板层。其优点是力学性能好（强度、刚度、稳定性），耐火、防潮防水、隔声、耐久、可塑性均好，故应用最多；缺点是自重大，如图 5-2 所示。

3. 压型钢板组合楼板层

以薄钢板经冷压成型的压型钢板作永久性模具，经配筋、现浇混凝土形成的楼板层。其

60

中的压型钢板可承受拉、弯应力，由混凝土承受压力，力学性能好，铺设管线方便，是一种新型楼层结构，如图 5-2 所示。

二、地面

（一）地面的作用

地面是楼板层的最上层，是直接供人们在其上生活、学习、工作、生产的使用层，它直接影响人们的健康、舒适度、效率；地面对楼板结构还起到分布荷载，保护结构的作用；地面又是室内环境美化的重要组成部分。

（二）设计要求

因地面直接与人、家具、设备等相接触，故必须坚固耐磨，具有弹性、舒适、保暖、防火、防滑、防水防潮、美观等性能。

（三）地面组成

地面层与楼板层形成整体，其组成与楼层不可分，另外地面种类很多，种类不同组成也不同。

（四）地面的类型

1）按构造形式分类有整体地面，如水泥砂浆地面、现浇细石混凝土地面、水磨石地面等；块材地面，如各种面砖地面、缸砖地面、木地面等；毡类地面，如地毯；涂布地面，如各种涂料地面。

2）按使用材料分类有水泥砂浆地面、细石混凝土地面、各种面砖、缸砖地面、木地面、塑料地面等。

第二节　钢筋混凝土楼层

钢筋混凝土楼层是指用钢筋混凝土预制或现浇而成的楼板层，分为预制装配式和现浇整体式两种。预制装配式的梁、板多由专业预制厂生产，质量好，施工速度快，但装配式整体性差，抗震能力低，现已较少使用。现浇整体式楼板层是现场架设模板，绑扎钢筋，墙、柱、梁、板连续整体浇筑，整体性好，抗震能力强，现在选用最多。

一、预制装配式楼层

（一）预制装配式楼板层结构布置方案

预制装配式楼板层由分件预制的板、梁（或现浇梁）、梁垫（或现浇圈梁）组成，其结构布置方案有横墙承重式、纵墙承重式、混合承重式、框架结构式等，如图 3-3 所示（本书 P20）。

（二）板、梁的类型及节点的细部构造

1. 预制楼板的类型

（1）实心平板：上、下板面平整，制作简单。其缺点是适用跨度小（≤2.5m），板厚为板跨的 1/30，多用于小房间、走廊板、楼梯平台板、阳台板、架空隔板、沟盖板等。如图 5-3 所示。

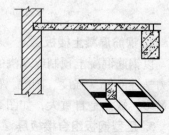

图 5-3　实心平板

（2）槽形板：槽形板的断面形式合理，即板的平板部分与边肋形成梁板结合结构，槽形板沿板长方向每隔 1000 ~ 1500mm 设横肋，增强槽形板的刚度。槽形板有自重轻，省材料，便于板上开洞等优点，但隔声效果差。

槽形板在使用时有肋向下正置和肋向上倒置两种方式，正置时上表面平整，便于铺设地面，下面不平整，可做吊顶，反之相反，上面需另做地面。如图 5-4 所示。

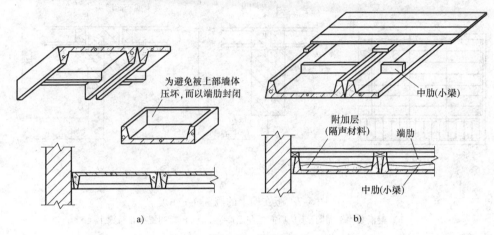

图 5-4　槽形板
a）正置式　b）倒置式

（3）空心板：空心板有圆孔、方孔、椭圆孔等多种，其中以圆孔板施工抽芯方便应用最多，如图 5-5 所示。圆孔板断面合理，两孔间呈工字形梁截面。空心板设计时分为预应力板和非预应力板两种，在相同荷载等级情况下预应力板板跨度大，板厚薄，节省材料、应用较多。板厚多为 120mm、180mm、板长为 2.4 ~ 6.0m。

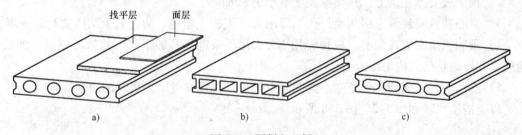

图 5-5　预制空心板
a）圆形孔板　b）方形孔板　c）椭圆形孔板

（4）T 形板：T 形板分为单 T 形板和双 T 形板，是梁板结合构件，受力合理，承载力大，但自重也较大，如图 5-6 所示。

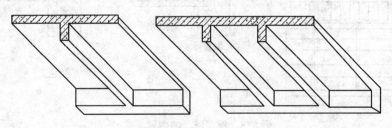

图 5-6　T 形板

2. 预制或现浇梁的类型

预制装配楼板层中的梁，当梁跨较小，自重较轻时，可用工厂或现场预制梁，施工时吊装安设；对跨度大、自重大的梁，应在设计梁位现浇。梁的断面形式主要有三种，即矩形断面、梯形断面和花篮梁。如图 5-7 所示。

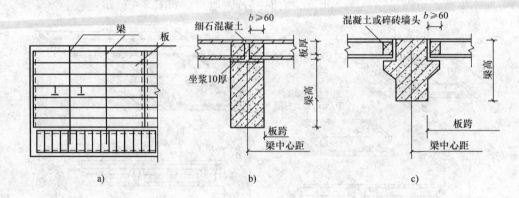

图 5-7　板在墙上的搁置 (一)

a) 梁板结构平面图　b) 板搁置在矩形梁上　c) 板搁置在花篮梁上

3. 预制装配式楼板层的细部构造

（1）梁的搭接要求：梁搭在墙上最好与圈梁整浇或预制整浇，预制梁搭在砖墙上应设梁垫。预制梁在砖墙上的搭接长度不应小于 180mm，并应有 10～20mm 厚坐浆。

（2）预制板的搭接要求：

1）预制板支撑在砖墙上，其支撑长度不应小于 120mm。

2）预制板支撑在梁上，其支撑长度不小于 80mm。

3）空心楼板安装前应将两端封孔，即用 C15 混凝土堵孔。防止其上结构物将其压塌。

4）预制板搭在墙或梁上，应预先用 M5 水泥砂浆铺平，即坐浆，然后再铺板，使板与墙或梁较好地粘结，均匀传力。

5）选用不同的梁型，可产生不同的净空效果，花篮梁可增大房间的净空高度。

以上搭接要求如图 5-7、图 5-8 所示。

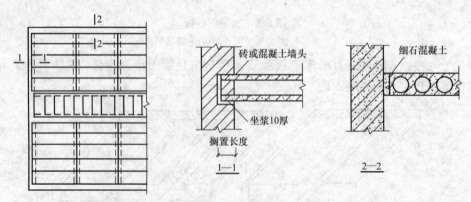

图 5-8　板在墙上的搁置 (二)

（3）板缝处理：布置房间楼板时，要作排板设计，因构件的标志尺寸与构造尺寸间相差 10～20mm 的差值，安装楼板时就会产生板缝。为了提高预制楼板的整体性，提高抗震能力，板缝内要灌满水泥砂浆或细石混凝土，称灌缝。因板侧边有不同形状，便产生不同形状的板缝，常见的有 V 形缝，此时板的制作简单，但易开裂，连接不牢；U 形缝，缝的上大下小，易于灌缝，但仍不够牢固；凹形缝连接牢固，但灌浆捣实困难。如图 5-9 所示。

在排板设计时，当出现较大板缝但又放不下一整块板时，根据缝的大小，采用下述方法解决：当缝隙小于 60mm 时（大于 10～20mm），可通过串动（调整）板缝（即增大板缝）解决；当缝隙在 60～120mm 时，可采取侧墙挑砖方法解决；当缝隙大于 120mm 小于 200mm 时，可现浇钢筋混凝土板带解决；当缝隙大于 200mm 时，可调换板的规格解决，如图 5-10 所示。

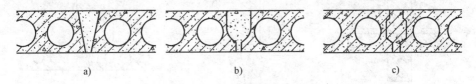

图 5-9　侧缝连接形式
a）V 形缝　b）U 形缝　c）凹形缝

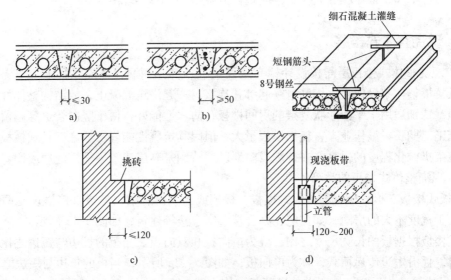

图 5-10　板缝处理
a）细石混凝土灌缝　b）加钢筋混凝土灌缝　c）墙边挑砖　d）立管穿现浇板带

除上述措施用于加强预制楼板层整体刚度，提高抵抗地震水平破坏力之外，还应在板与板之间、板与纵墙之间、板与山墙之间等处增加钢筋锚固，然后在缝内灌注细石混凝土，或者在板上铺设钢筋网，并浇筑一层厚 30～40mm 的细石混凝土的整浇层，如图 5-11 所示。

（4）楼板与隔墙：楼板上设置隔墙时，隔墙应尽可能采用轻质材料；当设置重质块材或砌筑隔墙时，应采取一些构造措施，避免将隔墙直接设在楼板上。如扩宽板缝，配置钢筋后浇筑 C20 细混凝土，形成现浇板带，提高整体性，支撑隔墙；也可在板下设置小梁，将墙载传给主墙；还可将隔墙设在板肋上，如图 5-12 所示。

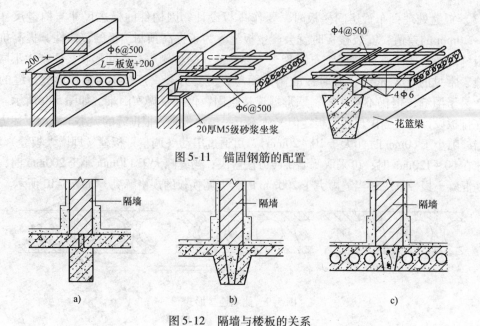

图 5-11　锚固钢筋的配置

图 5-12　隔墙与楼板的关系

a）隔墙支撑在梁上　b）隔墙支撑在纵肋上　c）隔墙支撑在现浇板带上

二、现浇整体式楼层

（1）现浇整体式楼板层需按设计标高架设模板、绑扎钢筋、浇筑混凝土。现浇楼板层主次梁及楼板整体架设模板，钢筋也一起绑扎连接，一起浇筑混凝土，故结构整体性好，抗震能力强；特别适用于平面形状复杂的房间楼板，防水性能好，便于竖向管道穿越留孔。现浇楼板施工工期长，湿作业多，耗损模板量大，但因其抗震性能好，加之工具式模板的广泛应用，施工机械化程度的提高，在抗震设防地区，特别是高层建筑中被广泛地应用。

（2）现浇整体式楼板的类型

1）板式楼板。板式楼板即平板式楼板，板下或上方没有梁，单板直接搭设在两端的墙上，适用于宽度不大的房间，如住宅、办公楼、宿舍楼等建筑，如图 5-13 所示。

板式楼板根据板的长宽尺寸之比，分为单向板和双向板。当板的长边与短边之比等于或大于 2 时，板沿短边传递荷载，称为单向板，如图 5-13a 所示；当板的长边与短边之比小于 2 时，长短边尺寸相近时，板双向传递荷载，称为双向板，如图 5-13b 所示。

板式楼板的经济跨度为 2~3m。单向板作屋面板时，板厚多为 60~80mm，作为民用建筑楼板时多为 70~100mm，作工业建筑楼板时，多为 80~180mm；双向板板厚多为 80~160mm。

板式楼板也可支撑在主、次梁上，圈梁上，单双向板的区分方法同上述。

2）梁板式楼板（肋形楼板）。当房间长、宽平面尺寸较大时，可选用梁板式楼板。梁板式楼板由主梁、次梁、板组成，支撑在墙或柱上。如图 5-14 所示。主梁沿房间宽度（短向）布置，一般梁跨为 5~8m，梁高为梁跨的 1/4~1/8，梁宽为梁高的 1/3~1/2。次梁经济跨度为 4~6m，梁高为梁跨的 1/18~1/12，梁宽为梁高的 1/3~1/2。板厚一般为 60~80mm。

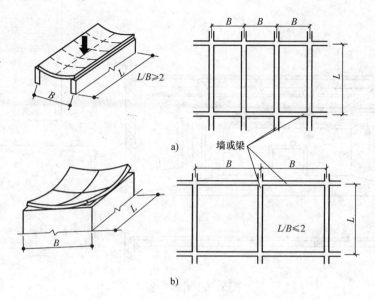

图 5-13　单向板或双向板受力特点

a) 单向板　b) 双向板

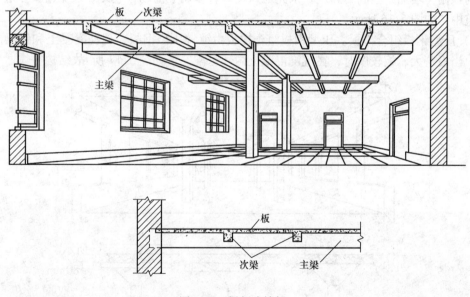

图 5-14　梁板式楼板

3）井式楼板。当房间或大厅的平面长宽尺寸相接近，约成正方形时，可选用井式楼板。井式楼板由互相垂直的双向等断面梁上设板组成，如图 5-15 所示。井式楼板可不设柱子，直接支撑于四周的边墙或边梁上，形成视野开扩的大空间，其最大跨度可达 30m 左右，故适用于平面尺寸近正方形的房间、大厅、门厅、中小礼堂、餐厅、展览厅、会议室等。其井字格可为正井字形、斜井字形等。

4）无梁楼板。无梁楼板不设梁，将板直接支撑于四周边墙上或边梁上，中间则直接支

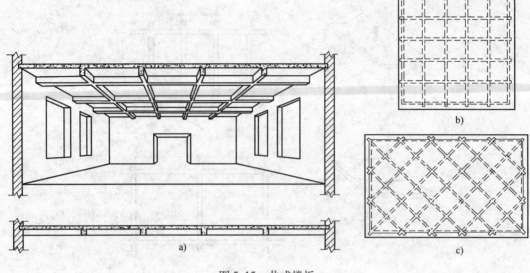

图 5-15　井式楼板

a）井式楼板　b）正井式　c）斜井式

撑在柱上。为了减小板跨，柱顶可设柱帽（柱托）。柱距为 6m 左右较经济。无梁楼板形成平整的顶棚，增加了空间的高度，采光通风良好，多用于商场，仓库、展览馆及多层工业厂房建筑中，如图 5-16 所示。

5）压型钢板组合楼板。压型钢板组合楼板由镀锌压型钢板、现浇混凝土和钢梁三部分组成，当板跨大、板较厚时，在现浇混凝土内还可配筋，如图 5-17 所示。

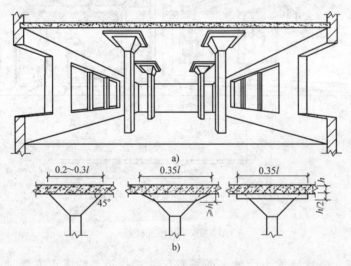

图 5-16　无梁楼板

a）无梁楼板　b）柱帽形式

压型钢板组合楼板中的压型钢板具有双重作用，其一是永久性镀锌钢模板，其二又起现浇混凝土楼板中受拉（弯）钢筋的作用，当设计为大跨度楼板时，还可以设双层钢衬板，提高组合楼板的力学性能。

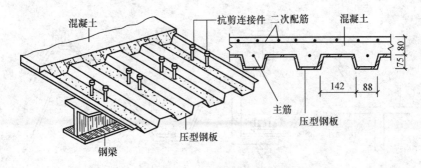

图 5-17　压型钢板组合楼板

　　压型钢板组合楼板能充分发挥不同材料各自的力学特性，简化了施工程序，加快了施工进度；当设计为多层结构时，还可将铺设压型板材、绑扎架设钢筋、浇筑混凝土等施工过程有序排列，组织流水施工；压型板材凹槽内便于铺设管线、吊挂顶棚铁件；压型钢板涂刷防火涂料后，可提高楼板层防火性能。因此，压型钢板组合楼层适合于大跨度空间、高层民用建筑和多层工业厂房建筑。

　　压型钢板肋高一般为 35～150mm，板宽 500～1000mm。

　　压型钢板组合楼板的细部构造如图 5-18～图 5-20 所示。

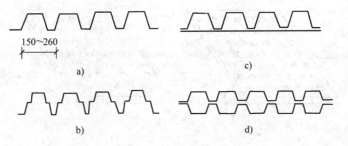

图 5-18　压型钢板的形式
a）楔形（肋形）压型板　b）肢形压型板
c）楔形压型板与平板构成孔格衬板　d）由两块楔形压型板构成孔格衬板

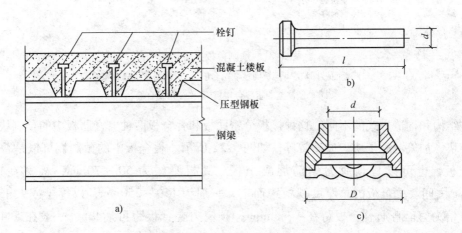

图 5-19　抗剪螺钉连接构造
a）组合楼板结构示意图　b）栓钉示意图　c）底座示意图

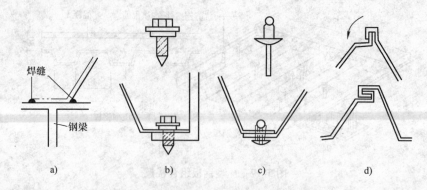

图 5-20　钢衬板之间以及与钢梁之间的连接
a）焊接　b）自攻螺栓　c）膨胀铆钉　d）压边咬接

　　装配整体式钢筋混凝土楼板是在预制板上现浇混凝土层形成叠合式钢筋混凝土楼板。这种楼板能够对预制与现浇结构择优出劣。它综合了预制板工厂化、装配简单，工期短，节约模板和现浇板整体性好、抗震能力强的优点，又避免了预制板整体性差、现浇板湿作业多、施工复杂的缺点，如图 5-21 所示。

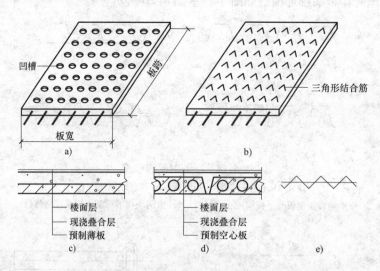

图 5-21　预制薄板叠合楼板
a）板面做凹坑　b）板面预埋结合筋　c）预制薄板叠合楼板
d）预制空心板叠合楼板　e）三角结合筋

　　按结构和构造方式的不同，这种楼板分密肋板和叠合板两种。密肋板中的预制块可为陶土空心块、加气混凝土块、玻璃砖等，如图 5-22 所示。叠合板中的预制板可以是普通钢筋混凝土板，也可以是预应力钢筋混凝土板，其板厚约为 50～70mm，板宽在 1100～1800mm 之间。叠合板的总厚度视板跨而定，一般为 150～250mm，以等于或大于预制板厚的 2 倍为宜。普通叠合板跨在 4～6m 间，预应力叠合板跨可达 9m，一般在 5.4m 以内为经济。

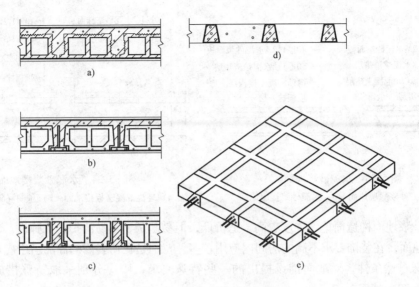

图 5-22　装配整体式密肋楼板

a）陶土空心块密肋楼板　b）带骨架芯板填充块密肋楼板　c）预制小梁填充块密肋楼板

d）加气混凝土密肋楼板　e）双向钢筋混凝土密肋楼板

第三节　地　　面

一、地面按位置分类

地面按位置分为两大类，即底层地面（地坪层）和楼层地面。当房屋无地下室时，底层地面是铺设在回填土（基层）上的地面；楼层地面是铺设在各层楼板上的地面。

二、地面的组成

一般情况下，地面由基层、垫层、面层三个层次组成，特殊地面根据需要可增设特殊层次，如卫生间、浴室、厨房地面还应设防水层（如沥青卷材）。

三、各种地面的细部构造

（一）整体式地面

整体式地面包括水泥砂浆地面、水磨石地面、细石混凝土地面，沥青地面、塑胶地面等。

1. 水泥砂浆地面

是以 1:2 或 1:2.5 水泥砂浆为面层铺设在基层或垫层（夯实回填土、楼板层）上的整体式地面。水泥砂浆地面有单层和双层做法之分，单层做法是在基层或垫层较平整的情况下，先刷一道素水泥浆，在其上只抹一层 15～20mm 厚 1:2 或 1:2.5 水泥砂浆，如图 5-23 所示；双层做法是在基层或垫层上刷素水泥浆，在其上先抹 15～20mm 厚 1:3 水泥砂浆打底找平，再以 5～10mm 厚 1:2 或 1:2.5 水泥砂浆抹面，压光而成（每次抹砂浆前，均应刷素水泥浆粘结层）。双层做法更易保证质量。如图 5-24 所示。

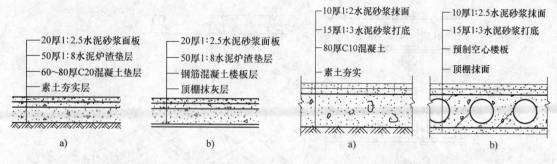

图 5-23　水泥砂浆地面　　　　　　　　　　　图 5-24　水泥砂浆楼地面
a) 水泥砂浆底层地面　b) 水泥砂浆楼层地面　　a) 现浇混凝土板楼地面　b) 预制混凝土楼地面

　　水泥砂浆地面构造简单、强度较高，造价低，但易起灰，不易清扫，无弹性。水泥砂浆地面属低档地面，在装饰要求不高的房间内应用较多，特别是在初装修的商品房中应用广泛。

　　因特殊自然条件，对地面铺设提出的一些特殊要求，则应分别采取特殊措施，加以解决，有如下四种情况：

　　（1）吸湿层地面：地下水位高，底层地面下土壤含水量较大，会使地面经常处于潮湿状态，影响室内卫生环境，影响人的身体健康。为防潮，可选用吸湿微孔材料做地面，如大阶砖、普通粘土砖等，如图 5-25c 所示。当空气干燥时，这些地面又会自然散发潮气。

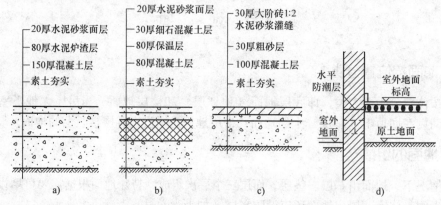

图 5-25　改善整体类地面返潮现象的构造措施
a) 保温层地面　b) 防水层地面　c) 吸湿层地面　d) 架空层地面

　　（2）防水层地面：当地区地下水位很高，为防地下水对地面及室内环境造成危害，可在垫层与面层间增设防水层（如卷材防水层、涂料防水层等），如图 5-25b 所示。

　　（3）保温层地面：即在垫层与面层间设保温层，保温材料可选用 150mm 厚 1:3 水泥煤渣、1:3 水泥矿渣等，如图 5-25a 所示。

　　（4）架空层地面：将底层地面与回填土隔离，即在面层下设地垄墙，墙上铺预制板，板上做地面，并在墙上设通风孔，使架空层内通风良好，空气干燥，保证地面干燥，如图 5-25d 所示。

2. 现浇水磨石地面

　　此地面是在 20mm 厚 1:3 水泥砂浆找平层上刷素水泥一道，然后按设计规定尺寸固定分格条，在分格内铺设 1:2 ～ 1:2.5 水泥石子浆，摊平，压实，抹光，经 3 ～ 4d 养护后，用磨石机加水分遍磨光，一般分 3 ~ 4 遍，即粗磨、中磨、细磨，磨至与分格条高度平齐，露出分格条为止，洒水养护 2 ~ 3d，冲洗后刷草酸溶液一遍，再细磨一遍，磨去草酸腐蚀层，使表面平整，光滑、细腻。经冲洗后晾干，擦净，打蜡，研磨，直至光亮洁净为止，如图 5-26 ~ 图 5-28 所示。

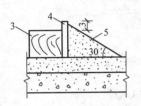
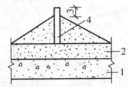

图 5-26　水磨石地面镶嵌条示意图
1—混凝土基层　2—底、中层抹灰　3—靠尺板
4—嵌条　5—素水泥浆灰埂

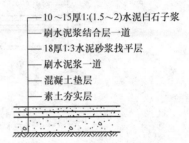

图 5-27　水磨石底层地面

所用水泥石子浆为普通硅酸盐水泥或白水泥，还可加颜料，成各种彩色水磨石；所用石子选用硬度较低、可磨的质地密实、磨面光亮的大理石屑、白云石屑，其粒径为 4 ~ 14mm，用前洗净，晾干。石子浆铺设厚度应高出分格条 1 ~ 2mm。分格条的材料有玻璃条、铝条、铜条等，以铜条最高级。

3. 细石混凝土地面

细石混凝土地面是在混凝土垫层或楼板上先刷一道素水泥浆结合层，再在其上浇筑等级不低于 C20 厚度为 30 ~ 40mm 细石混凝土，待其初凝后用铁滚滚压出浆，待终凝前撒少量干水泥、再用铁抹子进行不少于两次的压实、抹光。细石混凝土地面多用于对地面装饰要求较低的房间和工业厂房等，如图 5-29 所示。

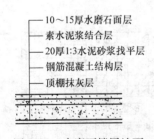

图 5-28　水磨石楼层地面

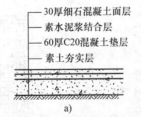
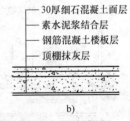

图 5-29　细石混凝土底层和楼层地面
a）细石混凝土底层地面　b）细石混凝土楼层地面

（二）块材地面

块材地面是指用各种砖块、缸砖、地面砖、陶瓷锦砖、各种石板、塑料板等，用中粗砂、水泥砂浆、建筑胶等铺粘在找平层上的地面。其中，砖铺地面、缸砖地面、塑料地面为低层次地面，而地面砖、陶瓷锦砖、石板等地面可设计为高级地面，如图 5-30 所示。

1. 砖铺地面

砖铺地面的砖材主要有普通粘土砖、水泥砖、混凝土预制砖等，用粗、中砂作铺垫结合层，可直接铺砌在素土夯实层、灰土基层上。这种地面造价低廉，吸水性大，耐磨性差。

图 5-30 块材地面

a）块材底层地面 b）块材楼层地面

1—块材面层 2—结合层 3—找平层 4—混凝土（或钢筋混凝土基层）

2. 缸砖地面

缸砖是用陶土烧制而成的，可以加入各种颜料，成各种颜色缸砖，常有棕红色、米黄色等。可制成方形、矩形、菱形、六边形、八角形等，铺设时可拼成各种图案。缸砖一般铺设在混凝土垫层上，常用 1:3 水泥砂浆抹 20mm 厚找平层，再用 3 ~ 4mm 水泥胶（水泥:107 胶：水 = 1:0.1:0.2）进行粘结，并用素水泥浆搓缝，如图 5-31 所示。

缸砖地面质地细密坚硬，耐磨、耐水、耐酸碱，易于清洗不起灰，外观美丽，施工简便，多用于卫生间、盥洗室、浴室、厨房、实验室及有腐蚀性液体的房间。

3. 各种地面砖、陶瓷锦砖地面

这类地面是在混凝土垫层或楼板层上抹 15 ~ 20mm 厚 1:3 水泥砂浆打底找平。当铺地面砖时，用 5mm 厚 1:1 水泥砂浆（可掺建筑用胶）或直接用建筑胶在背面逐块抹浆（胶）粘贴，用橡胶锤锤实，经养护后用白水泥搓缝即可；当铺陶瓷锦砖时，则用较稠的水泥浆涂刮在整张锦砖背面，然后整张粘贴，并用木滚压实、待水泥浆终凝后，用清水湿透牛皮纸再掀去，经修整、养护、擦净，如图 5-32、图 5-33 所示。

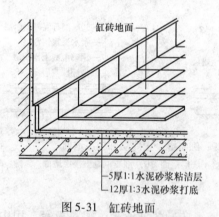

图 5-31 缸砖地面

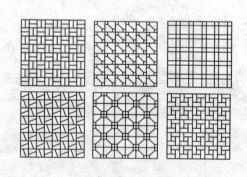

图 5-32 陶瓷锦砖组合图案示例

4. 石材地面

是将混凝土垫层或楼板层洒水湿润后刷一道素水泥浆，在其上用 1:3 干硬性水泥砂浆（30mm 厚）作粘结层铺贴石板而成。石材常有天然大理石板、花岗石板及人造水磨石板、大理石板等，其中以天然花岗岩、汉白玉、艾叶青等质纯、少杂质、耐风化，可用于勒脚、外墙面、室外地面装饰。石板一般尺寸为 300mm × 300mm ~ 500mm × 500mm，厚 20 ~ 30mm。

石材地面，特别是天然石材地面质地坚实、耐磨损，美观高雅，价格昂贵，是高雅的装饰材料，如图 5-34 所示。

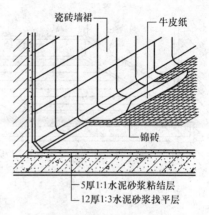

图 5-33　陶瓷锦砖地面

（三）木、竹地面

1. 木材

木地面经常使用的木材有松木、杉木、水曲柳、柏木、核桃木等，有硬质和软质之分。木地面是优质、高等级、贵重的地面，其优点是重量轻、弹性好、保温性好、舒适、易清洁等，缺点是易受环境温湿度变化的影响，开裂、变形、易燃、易腐蚀等。又因木材生长周期长，产量有限，故使用受限。竹地面是近年来开发的新材料地面，其质量次于木地面，但因我国竹资源丰富，故很有发展空间。随着建筑科技的发展，近年出现了新型复合地板材料，兼有木地面的一些优点，有一定的发展空间。

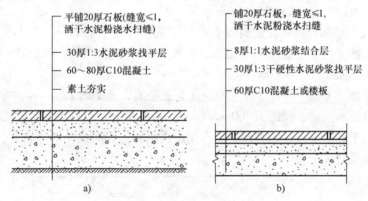

图 5-34　石材地面
a）底层　b）楼层

木地板材料多为条板形，需拼缝、接口，其拼缝、接口形式较多，如图 5-35 所示，其中以企口缝和错口缝为多用。根据实际情况，木地面分为实铺木地板和空铺木地板两种。

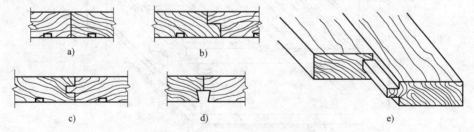

图 5-35　木地板的拼缝形式
a）裁口缝　b）平头接缝　c）企口拼缝　d）错口缝　e）板条拼缝

2. 实铺木地面

依据构造方式不同，分为铺钉式和粘贴式两种，如图 5-36 所示。

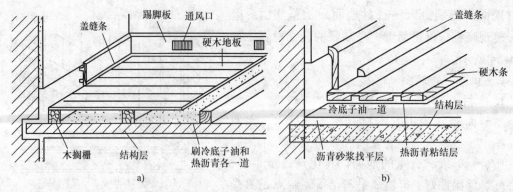

图 5-36 实铺式木地面

a) 铺钉式 b) 粘贴式

（1）铺钉式实铺木地面：此地面需在混凝土垫层（底层地面）或楼板上固定（30mm×40mm）木楞（木格栅），间距多为400～500mm，在木楞上铺钉木地板。如为底层地面，应采取防潮措施，可在垫层上做一毡两油防潮层，或涂刷沥青防潮层，并在踢脚板上设通风孔，以保持板下通风干燥，如图5-36a所示。

（2）粘贴式实铺木地面：此地面需先在垫层或楼板层上做20mm厚1∶3水泥砂浆（最好用沥青砂浆）找平层，在找平层上用热沥青胶粘贴木地板，如图5-36b所示。

3. 空铺式木地面

此地面是在垫层上砌一砖厚200～300mm高地垄墙，地垄墙上铺一层油毡纸，纸上固定垫木，垫木上钉设木搁栅，间距为400～500mm，木搁栅上钉设木地板，如图5-37所示。空铺式木地面多用于底层地面，因其架空层占用层高空间。为防潮，地垄墙上、外墙上应设通风孔，保持架空层通风干燥。

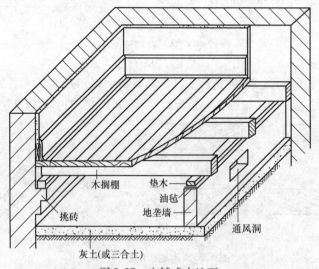

图 5-37 空铺式木地面

（四）卷材（片材）类地面

此类地面包括塑料地毡、橡胶地毡、各种织物地毡，织物地毡常有化纤地毡、羊毛地毡、棉织地毡等。这类地面可以是固定铺设，此时将卷材（片材）粘贴在找平层上，其下应铺设泡沫波垫，以增加弹性，如图 5-38 所示；也可以是局部活动式铺设，使用灵活方便。地毡类地面，特别是羊毛毡、牦牛毛毡是贵重、高级铺地材料。

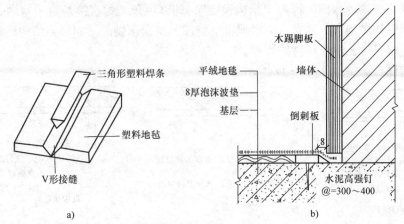

图 5-38　卷材类地面

a）塑料地毡地面　b）倒刺板条固定地毯

卷材类地面富有弹性、耐磨、保温、防滑、绝缘、防腐、消声等优点，应用较多。

（五）涂料类地面

涂料类地面是在已抹好的平整光滑的水泥砂浆地面，细石混凝土地面上涂刷（抹）各种地面涂料而成的。涂料按其形成液态的方式分为溶剂型、水乳型和反应型三种。

溶剂型涂料是以各种有机溶剂使高分子材料溶解，形成液态的涂料，如氯丁橡胶涂料，其特点是干燥快、结膜薄且致密，生产工艺简单，储存稳定性好，但易燃、易爆，有毒，必须注意安全和对环境的污染。

反应型涂料是以一个或两个组分构成的涂料，涂刷后经化学反应形成固态涂膜，如聚胺基甲酸酯橡胶类涂料。反应型涂料经一次涂刷便可形成较厚涂膜、无收缩、结膜致密。

水乳型涂料是以水作为分散介质，使高分子材料形成乳状液体，水分蒸发后成膜，如丙烯酯酸乳液，橡胶沥青乳液等，水乳型涂料干燥慢，不宜在 5℃ 以下施工；生产成本较低，储存时间不宜超过半年，并且无毒，阻燃，使用安全，不污染，是目前应用最多的涂料。

第四节　顶　棚

顶棚是楼板层（包括屋面板层）最下面的功能性组成部分，也称天花板，是室内的一个重要装饰面。顶棚在房间中有着重要的建筑功能，因此对其装饰要求是表面光洁、美观，能反射光线，提高室内照度，增强室内装饰效果；歌舞厅、影剧院、大会堂等建筑，对顶棚更有些特殊功能要求，如要求隔声、反射声、保温、隔热、管道辅设等。

顶棚常用两种构造形式，即直接式顶棚和悬吊式顶棚。应根据建筑的使用功能、装修标准和经济条件选择适宜的顶棚形式。

一、直接式顶棚

直接式顶棚是指直接在钢筋混凝土楼板、屋面板下表面做饰面层形成的顶棚，如当板底面较平整时，可直接喷、刷大白浆或其他涂料；当楼板或屋面板为预制板时，可用 1∶3 水泥砂浆填缝刮平,再喷刷涂料。这类顶棚构造简单,施工方便,造价低廉,常用于一些装饰要求不高的建筑。

还有一种更直接的顶棚,称为"结构顶棚",即将屋顶结构直接暴露于室内,如拱形结构屋顶、网架结构屋顶等,其自身即形成富有韵律的拱面顶棚。又如网架结构屋顶,其杆件形成有规律、有自身艺术表现力的顶棚。

直接式顶棚构造示例如图5-39所示。

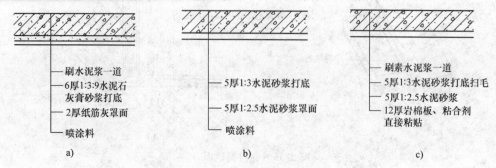

图5-39 直接式顶棚构造示例
a) 抹灰顶棚(一) b) 抹灰顶棚(二) c) 粘贴顶棚

二、悬吊式顶棚

(一) 悬吊式顶棚的作用

悬吊式顶棚是在楼板或屋架面板下吊设的顶棚,在板(架)下皮至顶棚上皮之间形成一个具有一定高度的空间,此空间内可以吊设各种管道、电线;吊顶后可增强楼板层的隔声、保温性能;悬吊式顶棚还可以按设计者的示意图,利用面层的材质、色彩、图案提高室内环境的观赏性。

(二) 悬吊式顶棚的组成

悬吊式顶棚由吊挂件、骨架(龙骨)和面板三部分组成,如图5-40所示。由图5-40可知,吊挂的管线和顶棚荷载是通过龙骨、吊件传至楼板或屋顶或屋顶结构的。吊挂件多为φ10钢筋,当龙骨为木骨架时,吊件也可用方木制作,吊件与结构层的固定方法如图5-41所示。龙骨材料有木制龙骨、轻钢龙骨(用较厚的镀锌薄钢板压制而成)、铝合金龙骨。龙骨有主龙骨、次龙骨、横撑龙骨分布在纵、横两个方向,顶棚面板固定在次龙骨和横撑龙骨之上。

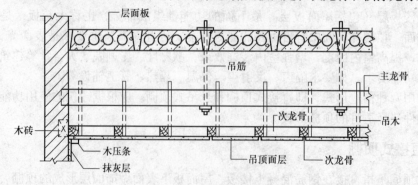

图5-40 悬吊式顶棚构造组成

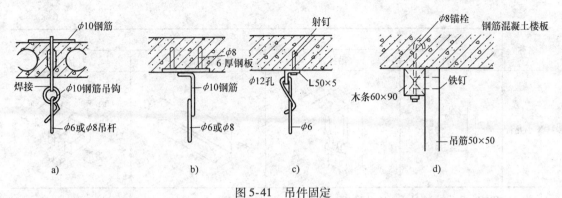

图 5-41　吊件固定

a) 埋入式（一）　b) 埋入式（二）　c) 钉入式　d) 木骨架吊筋

1. 木龙骨顶棚

木龙骨顶棚是以木材作吊件、主次龙骨和横撑龙骨，在次龙骨和横撑龙骨上钉设面板。主龙骨也称大龙骨，断面尺寸常为 60mm×80mm 的方木，沿房间短向布置，间距约 1m。次龙骨（也称小龙骨）和横撑龙骨常用 40mm×60mm 或 50mm×50mm 的方木，中心间距视面板尺寸而定。小龙骨与横撑龙交叉相接时底面要平齐，以便于安装面板。如图 5-42 所示。

2. 轻钢龙骨和铝合金龙骨

这两种龙骨的构造和安装基本相同，其断面形状有 U 形、T 形、L 形等数种，长度 2～3m 不等，可现场拼装，U 形龙骨顶棚示意图如图 5-43 所示。为拼装方便，厂家供应特制的拼接件，见表 5-1。

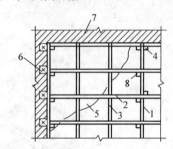

图 5-42　木质龙骨顶棚

1—大龙骨　2—小龙骨　3—横撑龙骨
4—吊筋　5—罩面板　6—木砖
7—砖墙　8—吊木

表 5-1　**U45 型系列**（不上人）　　　　　（单位：mm）

名称	主件	配件		
	龙骨	吊挂件	接插件	挂插件
BD 大龙骨				
UZ 中龙骨				

（续）

名称	主件	配　件		
	龙骨	吊挂件	接插件	挂插件
UX 小龙骨				

注：1. BD 上 $\phi7$ 孔配 $\phi6$ 吊杆，$\phi6$ 孔配 M4×25 螺栓。

　　2. 产品为北京灯具厂生产。

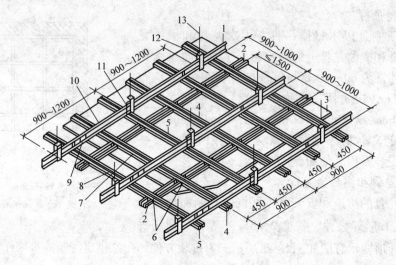

图 5-43　U 形龙骨顶棚示意图

1—BD 大龙骨　2—UZ 横撑龙骨　3—顶棚板　4—UZ 龙骨　5—UX 龙骨　6—UZ₃ 支托连接

7—UZ₂ 连接件　8—UX₂ 连接件　9—BD₂ 连接件　10—UZ₁ 吊挂

11—UX₁ 吊挂　12—BD₁ 吊件　13—吊杆 $\phi8 \sim \phi10$

轻钢龙骨和铝合金龙骨顶棚构造如图 5-44 ~ 图 5-49 所示。

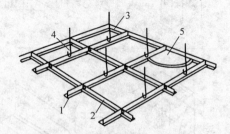

图 5-44　TL 型铝合金龙骨顶棚（不上人顶棚）

1—大 T　2—小 T　3—角条　4—吊件　5—饰面板

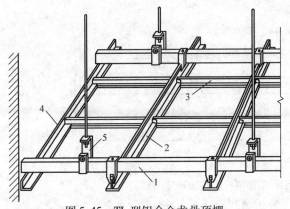 

图 5-45　TL 型铝合金龙骨顶棚

1—大龙骨　2—大 T　3—小 T　4—角条　5—大吊挂件

图 5-46　龙骨切割锯

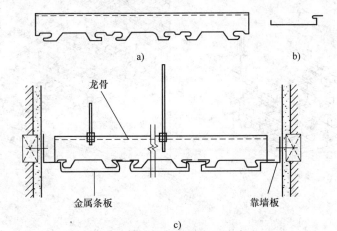

c)

图 5-47　金属条板顶棚卡固法固定

a）龙骨　b）金属条板断面　c）条板顶棚剖面

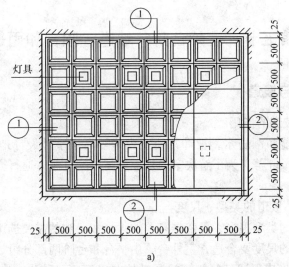

a)

图 5-48　金属方形板顶棚铜丝绑扎法固定

a）平面图

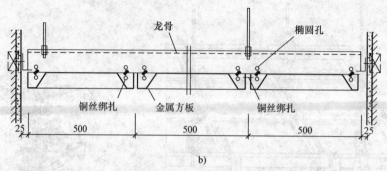

图 5-48　金属方形板顶棚铜丝绑扎法固定（续）

b）剖面图

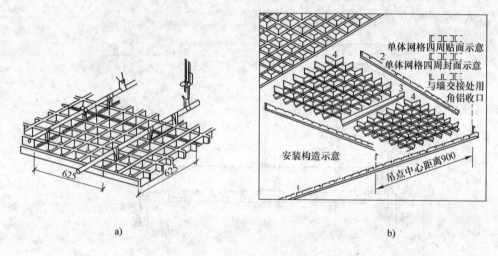

图 5-49　金属格栅顶棚固定方法

a）单体构件通过钢管与吊杆连接　b）带卡口吊管安装固定

第五节　室外台阶、坡道、阳台和雨篷

一、室外台阶与坡道

（一）室外台阶坡道的作用

为保证室内地坪能防潮防水，设计常使室内地坪高于室外设计地面，高出的高度常为300mm、450mm、600mm 等。为了解决室内外地坪高差的过渡、通行方便，需设室外阶台或坡道。

（二）室外台阶、坡道的类型、尺度

室外台阶与坡道的类型很多，可依据高差的大小和美观的需要选用。如图 5-50 所示。

室外台阶和坡道的尺度要合适，室外台阶由平台和台阶两部分组成，平台宽度一般不应小于900mm，台阶长度应保证其每侧较门洞口长出 300mm，踏步高度不应超过 180mm，常为100mm、150mm，踏步宽度不应小于 280～300mm。坡道的坡度不宜大于 1：10，坡道的尺

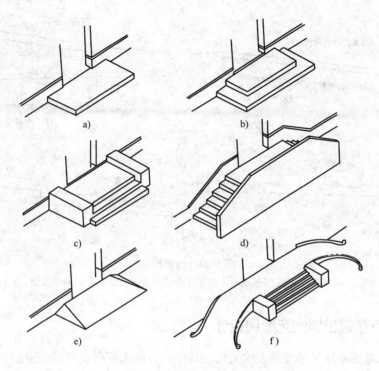

图 5-50　室外台阶与坡道的形式

度和细部构造如图 5-52 所示。平台和坡道面层的标高应低于室内地坪 10 ~ 20mm，以防雨水流入室内。台阶和坡道均应注意防滑处理。

（三）台阶和坡道的材料和细部构造

台阶和坡道构造如图 5-51 和图 5-52 所示。在严寒地区，台阶和坡道的设计还应注意防冻胀，可在其垫层下作一定深度的砂垫层，如图 5-52b 所示。

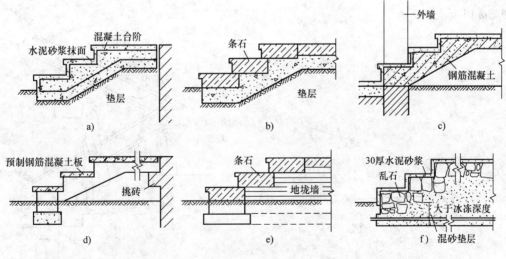

图 5-51　台阶构造

a）混凝土台阶　b）天然石台阶　c）与建筑结合的内台阶

d）预制钢筋混凝土台阶　e）条石支在地垅墙上的台阶　f）换土地基台阶

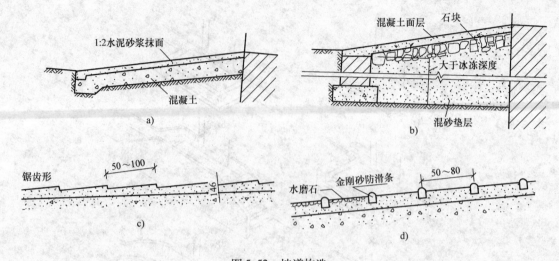

图 5-52 坡道构造
a）混凝土坡道 b）块石坡道 c）防滑锯齿槽坡面 d）防滑条坡面

二、通行建筑设施的无障碍设计

文明社会应更多体现对残疾人的关爱，其中通行的无障碍设计是关爱的重要方面。通行的无障碍设计主要涉及楼梯、栏杆扶手、坡道和导盲块的设置。

（一）楼梯和栏杆扶手

（1）楼梯：供挂拐者及视力残疾者使用的楼梯应满足以下要求。

1）梯段的净宽不宜小于1.2m。

2）不宜采用无踢面的踏步和突缘为直角形的踏步，如图5-53所示。

3）踏步面的两侧或一侧凌空为明步（无遮挡）时，应设法防止拐杖滑出。

4）梯段两侧应在0.9m高度处设扶手，扶手宜保持连续，起点及终点处的扶手水平延伸0.3m以上。

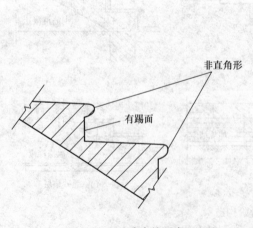

图 5-53 对踏步的要求

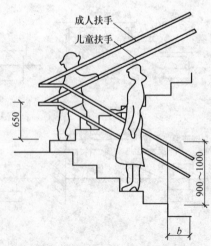

图 5-54 上、下两层扶手高度

5）台阶如超过三级，在台阶两侧应设扶手。

6）不宜采用弧形楼梯。

（2）栏杆扶手：每梯段设上、下两层扶手，上层扶手高 900mm，下层扶手高 0.65m （图 5-54）。扶手断面及推荐尺寸如图 5-55 所示。

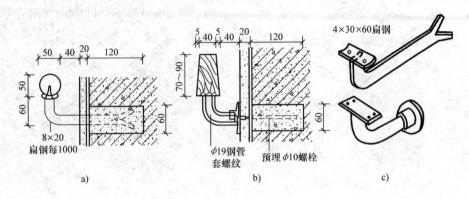

图 5-55　扶手断面及推荐尺寸

（二）坡道的坡度与宽度

对下肢残疾者和视力残疾者开放的建筑物的出入口、门厅、过厅及走道等地面有高差时，应设坡道，坡道的宽度不应小于 0.9m。两段直行坡道之间的休息平台长度不应小于 1.2m，转弯休息平台的长度不应小于 1.5m。每段坡道的坡度、最大允许高度和水平长度，应符合表 5-2 的规定。

表 5-2　每段坡道的坡度、最大允许高度和水平长度　（单位：mm）

坡道坡度（高/长）	1/8	1/10	1/2
每段坡道最大允许高度	0.35	0.60	0.75
每段坡道允许水平长度	2.8	6.0	9.00

如果坡道的高度和长度超过表中规定时，应在坡道中间设置休息平台，其长度不应小于 1.2m。坡道转弯时应设休息平台，其长度不应小于 1.5m。在坡道的起点和终点应设有长度不小于 1.5m 的轮椅缓冲地带。坡道两侧应在高度 0.9m 处设扶手，并应水平延长 0.3m 以上。当坡道侧面凌空时，在栏杆下端宜设高度不小于 50mm 的坡道安全挡台，如图 5-56 所示。

关于缘石坡道的设置要求：

1）重要公共建筑及残疾人使用频繁的建筑物出入口附近。

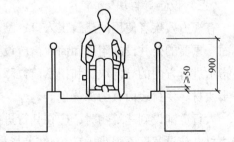

图 5-56　坡道扶手和安全挡台

2）不设人行道栏杆的商业街，同侧人行道的缘石坡道间距不应超过 10m。

3）道路交叉路口、人行横道、街坊路口以及被缘石隔断的人行道。

缘石坡道的形式有三种，即单面坡形式、全宽式坡形式和三面坡形式，如图 5-57 所示。对缘石坡还应注意防滑设计，故其表面材料宜平整、粗糙，冰冻地区更应特别注意。

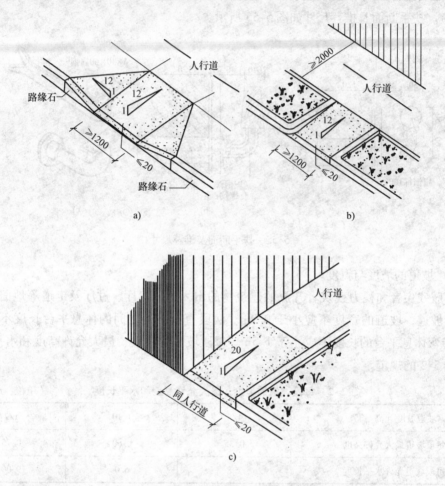

图 5-57　缘石坡道形式及相关尺寸

a）三面坡　b）单面坡　c）全宽式

（三）设置导盲块

有视力残疾者使用的建筑出入口、踏步的起止点和电梯门前，宜铺设有触感提示的块材地面。重要的公共设施附近和商业街应设置为视力残疾人引路的触感块材地面。触感块材分为指示进行方向的导向块材和指示前方障碍的停步块材，如带凸条形导向块材、带圆点形的停步块材。块材表面宜为深黄色。

人行道铺设到建筑物时，应在其行进方向的中部连续设置导向块材，路口缘石前设置停步块材。铺设宽度不得小于 0.6m。人行横道处的触感块材距缘石 0.3m 或隔一块人行道砖铺设停步块材，导向块材与停步块材成垂直方向铺设。铺设宽度同样不得小于 0.60m，如图 5-58 和图 5-59 所示。

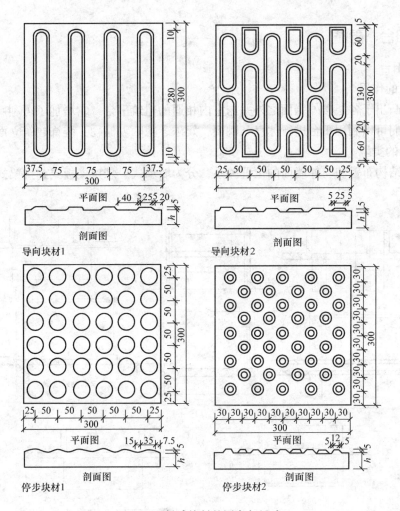

图 5-58　触感块材的图案与尺寸

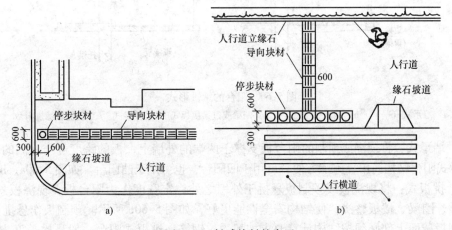

图 5-59　触感块材的布置

a）人行道中的触感块材布置　b）人行横道外的触感块材布置

三、阳台、雨篷

（一）阳台

1. 阳台的作用

阳台是凸出于各层楼外墙面之外并与室内相通的建筑平台，它增加了可利用的建筑空间和面积。人们可以利用阳台进行休息、眺望、娱乐、晾晒、储物、装饰建筑立面等。

2. 阳台的类型

阳台按结构布置和与外墙面的位置关系，分为墙承式、悬挑楼板式、挑梁式等五种。如图 5-60 所示。

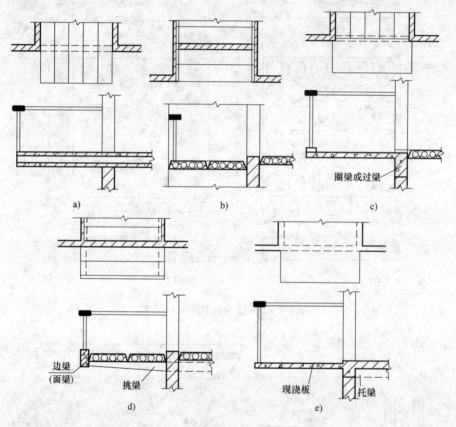

图 5-60　阳台的承重形式

a）墙承式（一）　b）墙承式（二）　c）圈梁或过梁挑板式　d）挑梁式　e）现浇板悬挑阳台

（1）墙承式：将现浇或预制的阳台板支撑于两端的外墙上，板的跨度可与房间的开间相同。墙承式阳台结构简单，施工方便，可用于凹阳台，也可用于凸阳台。如图 5-60a、b 所示。

（2）挑板式：将现浇板或预制板悬挑于外墙之外一定宽度作为阳台板，现浇板悬挑时，可与过梁、圈梁、楼板整浇，使结构安全性能更好，如图 5-60c 所示。预制板作悬挑阳台板时，预制板截面上部必须按结构计算要求加配受拉钢筋。挑板式阳台一般悬挑长度为 1.0 ~ 1.5m。挑板式阳台是常见的结构形式。

（3）挑梁式：此种阳台结构形式需单独设计两根悬臂梁，现浇悬臂梁可与过梁、圈梁、房梁整浇；预制悬臂梁也可与预制过梁、预制房梁整浇。现浇板或预制板搭设于悬臂梁之上，形成阳台结构，如图5-60d图所示。挑梁式阳台经结构计算可适当增加挑出长度。

（4）现浇板悬挑阳台：如图5-60e所示。

3. 阳台的细部构造

（1）阳台栏杆、扶手：阳台栏杆、栏板、扶手是阳台安全围护结构，承担人们倚扶的侧向推力，保证人身安全并对建筑立面起装饰作用。

（2）阳台栏杆、扶手的材料、形式多种多样，有侧砌半砖抹灰栏板、有预制或现浇钢筋混凝土栏杆、栏板，有钢栏杆等；扶手材料可为木制品、塑料制品、钢制品，如图5-61、图5-62所示。

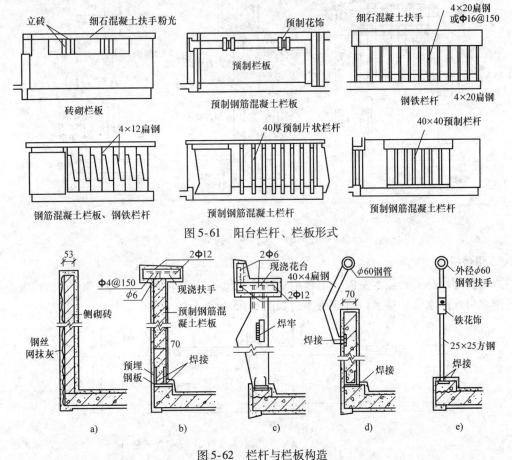

图 5-61　阳台栏杆、栏板形式

图 5-62　栏杆与栏板构造

a）侧砌砖栏板　b）预制钢筋混凝土栏板　c）预制钢筋混凝土片状栏杆
d）预制钢筋混凝土栏板及钢扶手　e）金属栏杆

（3）阳台的细部构造：包括栏杆与阳台板的连接、栏杆与扶手的连接、扶手与墙柱的连接。阳台地面至扶手顶面净高不应小于1m，高层建筑不应小于1.1m，阳台栏杆间距不应大于120mm，如图5-63所示。

4. 阳台隔板

阳台隔板用于相邻的双阳台间的隔离。阳台隔板可用半砖厚墙双面抹灰，但多用钢筋混凝土预制，设预埋铁件与底板、栏板（杆）、外墙焊接。如图5-64所示。

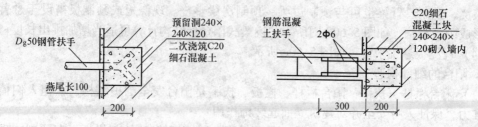

图 5-63 扶手与墙体的连接

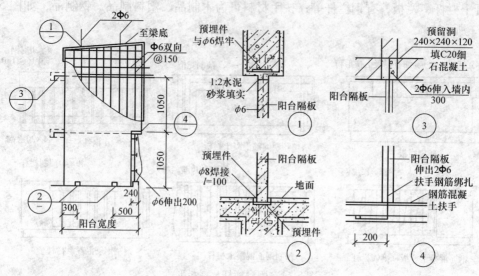

图 5-64 阳台隔板构造

5. 阳台排水

为防止雨水从阳台流水室内，阳台地面标高应低于室内地面标高 20～30mm，并应设坡流向排水口或雨水管。排水口或地漏构造如图 5-65 所示。

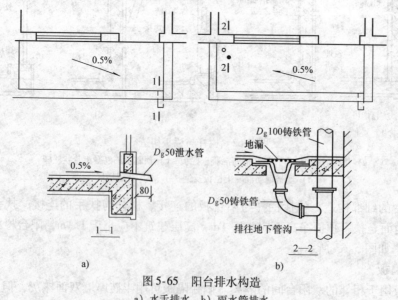

图 5-65 阳台排水构造

a) 水舌排水 b) 雨水管排水

（二）雨篷

1. 雨篷的作用

雨篷是挑于外门之外的水平构件，可以遮挡雨雪和落物，为人们提供一个安全、小憩的过渡空间；另外，还可以通过对雨篷造型设计和艺术装饰，丰富和美化建筑立面。

2. 雨篷的结构类型

（1）挑板式雨篷：用压在墙中的钢筋混凝土悬臂板作雨篷，悬壁板根部可与过梁整体浇筑。悬挑长度一般为 0.9 ~ 1.5m，根部板厚不小于挑出长度的 1/12，雨篷宽每侧较门口宽 250mm。板顶面可抹水泥砂浆内掺 5% 防水剂防水，底面抹灰再刷白色涂料即可见图 5-68。挑板式雨篷一般用于次要出入口，如图 5-66a 所示。

（2）挑梁式雨篷：由门过梁上向外挑出数根悬臂梁，此梁与雨篷板形成梁板式结构，此时的挑梁多数位于板的上方，成为暗梁或边梁。挑梁式雨篷挑出长度可大些。如图 5-66b 所示。

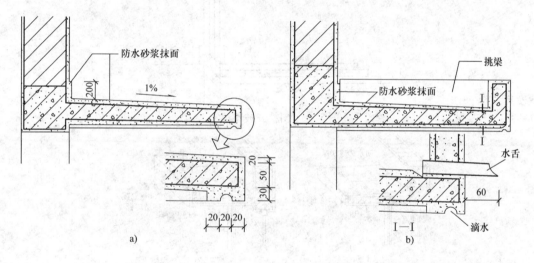

图 5-66　雨篷

a）挑板式雨篷　b）挑梁式雨篷

（3）柱撑式雨篷：当外门是建筑的主要出入口，宽度很大，挑出长度也很大（如一些通过、停靠轿车的雨篷），挑板式或挑梁式不能满足要求时，则可设柱撑式雨篷，形成柱、梁、板相结合的结构形式。柱撑式结构可使建筑立面感观更加宏伟、壮观。如图 5-67 所示。

（4）斜拉式玻璃雨篷：以先进的建材科技为依托，加之设计理念的创新，近年来出现了一些斜拉式玻璃雨篷。此雨篷使用钢化玻璃、工字钢梁、钢斜拉杆组成开扩、轻巧、通透的新式雨篷。如图 5-68 所示。

图 5-67　柱撑式雨篷

3. 雨篷防水和排水处理

各种雨篷防水和排水处理如图 5-69 所示。

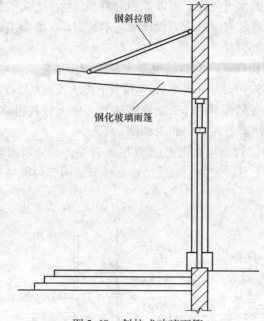

图 5-68　斜拉式玻璃雨篷

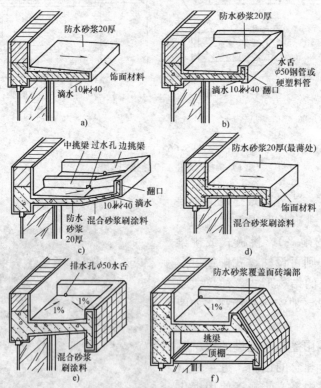

图 5-69　雨篷防水和排水处理

a）自由落水雨篷　b）有翻口有组织排水雨篷　c）折挑倒梁有组织排水雨篷

d）下翻口自由落水雨篷　e）上下翻口有组织排水雨篷　f）下挑梁有组织排水带顶棚雨篷

本章学习思考题

1. 房屋楼层的作用是什么？
2. 房屋的楼层应满足哪些要求？
3. 房屋的楼层由哪些部分组成？
4. 房屋的楼层有哪些类型？
5. 房屋地面的作用是什么？
6. 地面应满足哪些要求？
7. 地面有哪些类型？
8. 预制装配式钢筋混凝土楼层常由哪些构件组成？
9. 预制装配式钢筋混凝土楼层有哪几种结构布置方案？
10. 预制钢筋混凝土楼板有哪些类型？
11. 钢筋混凝土梁的断面形式有哪几种？
12. 钢筋混凝土预制板搭在砖墙上、搭在钢筋混凝土梁上，各应搭接多长？除此还有什么要求？
13. 现浇整体式楼板层有什么优点？
14. 现浇整体式楼板有哪些类型？
15. 何谓装配整体式楼板？有哪些类型？
16. 试绘图表示水泥砂浆整体式底层水泥砂浆地面的构造层次。
17. 试绘图表示水磨石整体式楼层地面的构造层次。
18. 试绘图表示块材楼层地面的构造层次。
19. 木地板按构造不同分哪些类型？
20. 顶棚起什么作用？有哪些类型？悬吊式顶棚由哪些部分组成？
21. 阳台的结构形式有哪些？

课程实训设计题

试绘图设计钢筋混凝现浇整体式楼层及地面与阳台板、阳台地面的构造剖面图（经阳台门剖切），按常用尺寸、厚度设计。

第六章 楼梯、电梯和自动扶梯

第一节 概 述

一、楼梯的作用

楼梯是楼房建筑层间的主要竖向交通设施，日常供人们上、下通行，紧急状态时供人们迅速疏散，保证人们安全撤离建筑物。

二、对楼梯的要求

楼梯首先应满足使用功能要求，即保证楼梯所在建筑分区人们日常和紧急情况下的安全通行和疏散。按此要求，楼梯应具有足够的宽度、适宜的坡度、通畅的流线，便于人们方便的到达且行走安全舒适。

楼梯在结构设计方面应满足强度、刚度和稳定性等力学性能要求，即不同建筑类别（如住宅、宿舍、办公、教学楼等）应使用现行的相应的荷载标准值，挠度允许值等，并严格执行国家抗震设计规范进行设计。

楼梯还应满足现行防火设计规范要求，即楼梯间墙体应选用非燃烧性材料筑造，耐火极限不低于 2.00h。与地下室相通的楼梯间，在首层出入口应设有 0.90h 乙级防火门。

对商住混合楼（即低层为商业服务业等使用，上层为住宅、宿舍等使用），商业和住宅的楼梯和出入口应分别设置。

楼梯间还应满足采光（窗地比≥1/12）、通风、采暖方面的要求。

三、楼梯的类型

楼梯因其所用材料、所处位置、通行人数、布置形式等的不同，分为很多类型，如图6-1 所示。

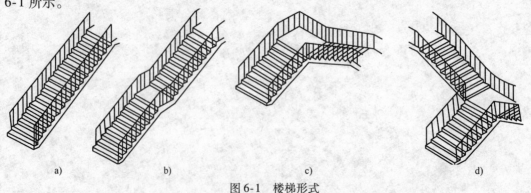

图 6-1 楼梯形式

a）直行单跑楼梯 b）直行双跑楼梯 c）折行楼梯 d）双分转角楼梯

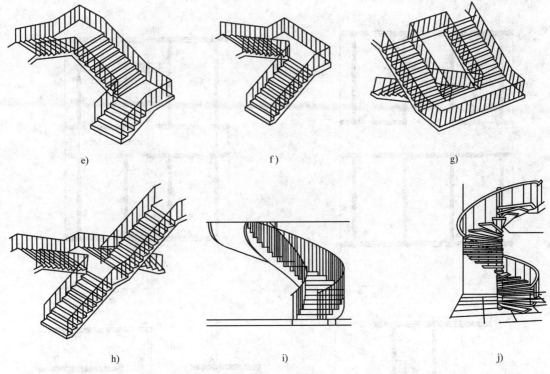

图 6-1　楼梯形式（续）

e）折行三跑楼梯　f）平行双跑楼梯　g）平行双分楼梯
h）剪刀楼梯　i）弧形楼梯　j）螺旋楼梯

（一）按建造材料分类

按建造材料不同，楼梯分为木楼梯、钢制楼梯、钢筋混凝土楼梯、组合材料楼梯等。不同材料制成的楼梯，会有各自不同的优、缺点，但从多方面比较，钢筋混凝土楼梯（分现浇和预制）优点较多，故是各种建筑使用最多的一种楼梯。

（二）按使用性质不同分类

楼梯可分为主要楼梯、辅助楼梯、疏散楼梯、消防楼梯等。主要楼梯是处于建筑主要出入口近处的楼梯，楼梯宽度较大，通行人数较多，各方面要求较高。辅助楼梯是处于建筑次要出入口的楼梯，对主要楼梯起辅助作用的楼梯。疏散楼梯和消防楼梯属于专用楼梯，只有在主要楼梯和辅助楼梯不能满足紧急疏散和消防要求时才单独设立，有时设在室内，也有设在室外的。

（三）按楼梯间的平面形式分类

因建筑防火要求的不同，将楼梯间分为开敞式、封闭式和防烟式三种形式。

1. 开敞式楼梯间

此种楼梯间必须靠外墙设置，楼梯间应有直接的自然采光和自然通风；楼梯间面向室内的一侧不设墙和门的称为开敞式，如图 6-2a 所示。在紧急疏散情况下，这种楼梯间对人流疏散和阻断火势蔓延不利，故只适用于低层、多层住宅和低层公共建筑。

2. 封闭式楼梯间

此种楼梯间也要求靠外墙设置，利用直接的自然采光和自然通风；楼梯间内侧设墙垛和

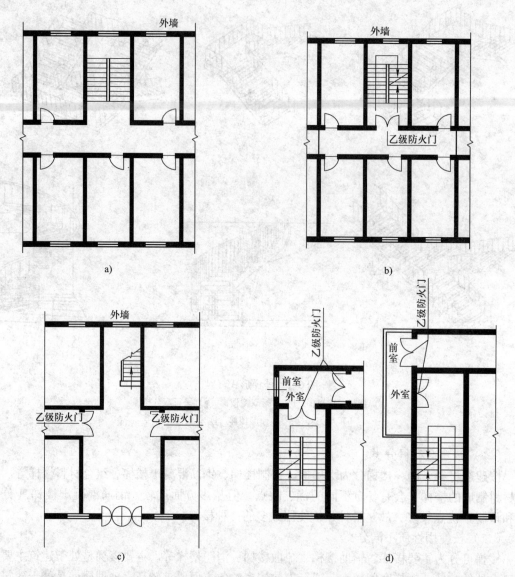

图 6-2 楼梯间的形式
a) 开敞式楼梯间 b) 封闭式楼梯间（楼层）
c) 封闭式楼梯间（底层） d) 防烟式楼梯间

双向开启的弹簧门，通向各房间，形成封闭式，如图 6-2b、c 所示。在紧急疏散情况下，这种楼梯能较好地保护通行环境，保证人员的疏散，故适用于多层、中高层住宅、宿舍和多层公共建筑。

3. 防烟式楼梯间

为保证火灾情况下人员的顺利安全疏散，按国家防火规范的规定，对高层住宅、宿舍和公共建筑，应设防烟楼梯间。防烟楼梯间应设前室，其位置应选在通廊的端头或室外（可用悬挑式），并设防火门与室内隔断，如图 6-2d 和图 6-3 所示。

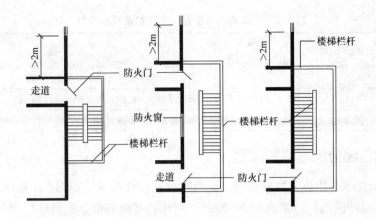

图 6-3　室外防烟楼梯间

第二节　对楼梯的设计要求

一、楼梯位置的确定

1）楼梯应设在明显易于找到的位置。

2）楼梯间应尽可能靠外墙设置，以保证有足够的自然采光和自然通风。有前室的防烟楼梯间可以例外。

3）五层及五层以上建筑物的楼梯间应在底层设置出入口；四层及四层以下的建筑物楼梯间可以设在距出入口不大于 15m 的地方。

4）楼梯不宜采用围绕电梯的布置形式。

二、楼梯数量的确定

确定一座楼房楼梯的数量应以保证安全疏散为主要目的，《建筑设计防火规范》（GB 50016—2006）中规定：

1）民用建筑的安全出口应分散布置，每个防火分区、一个防火分区的每个楼层，其相邻 2 个安全出口最近边缘之间的水平距离不应小于 5m。

2）公共建筑内的每个防火分区、一个防火分区内的每个楼层，其安全出口的数量应经计算确定，且不小于 2 个。当符合下列条件之一时，可设一个安全出口或疏散楼梯：

① 除托儿所、幼儿园外，建筑面积小于或等于 200m² 且人数不超过 50 人的单层公共建筑。

② 2 ~ 3 层的建筑（医院、疗养院、老年人建筑及托儿所、幼儿园的儿童用房和儿童活动场所等除外），符合表 6-1 的规定。

3）居住建筑单元任一层楼建筑面积大于 650m²，或任一住户的户门至安全出口的距离大于 15m 时，该建筑单元每层安全出口不应少于 2 个。

4）当通廊式非住宅类的居住建筑超过表 6-1 的规定时，安全出口不应少于 2 个。

表 6-1　公共建筑可设置一个疏散楼梯的条件

防火等级	最多层数	每层最大建筑面积/m²	人　　数
一、二级	3 层	500	第 2 层和第 3 层的人数之和不超过 100 人
三级	3 层	200	第 2 层和第 3 层的人数之和不超过 50 人
四级	2 层	200	第 2 层的人数不超过 30 人

三、楼梯各部分的名称和尺度

一般楼梯由三部分组成，即楼梯段、休息平台和栏杆扶手，如图 6-4 所示。

《民用建筑设计通则》（GB 50352—2005）对楼梯各组成部分的尺度作出了明确的规定。

（一）楼梯的坡度与踏步尺寸

楼梯段的坡度应依据使用情况合理选用，如图 6-5 所示。住宅建筑的楼梯使用人数少，坡度可以陡些；儿童和老年人使用的楼梯坡度应缓些；公共建筑中的楼梯使用人数多，应平缓些。

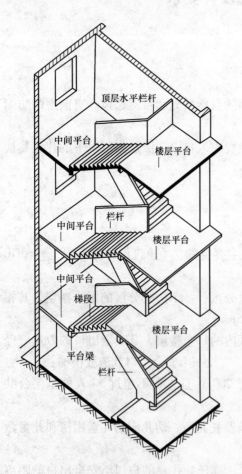

图 6-4　楼梯的组成

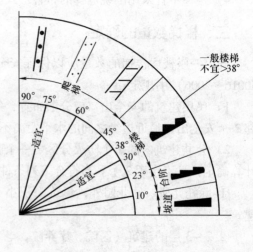

图 6-5　爬梯、楼梯、坡道的坡度范围

踏步也称梯阶，是供人们上下楼梯踏脚的台阶。踏步的上表面称为踏面，踏步的立面称为踢面。踏步的尺寸是依据人行走时的步距和抬脚的高度合理确定的，如图 6-6 所示。

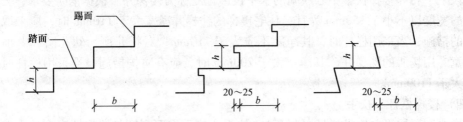

图 6-6　踏步名称、尺度代号

踏步尺寸可按下列经验公式确定，即 $h + b = 450\text{mm}$ 或 $2h + b = 600 \sim 620\text{mm}$，常用楼梯适宜的踏步尺寸见表 6-2。

表 6-2　楼梯踏步最小宽度和最大高度　　　　　　　　（单位：mm）

楼 梯 类 别	最小宽度	最大高度
住宅公用楼梯	260	175
幼儿园、小学校等楼梯	260	150
电影院、剧场、体育馆、商场、医院、旅馆和大中学校等楼梯	280	160
其他建筑楼梯	260	170
专用疏散楼梯	250	180
服务楼梯、住宅套内楼梯	220	200

（二）楼梯段

由数个或十几个踏步组成一段楼梯，称楼梯段。一个楼层为两段楼梯时，楼梯段处于相邻的楼层平面和中间平台之间。如图 6-7 所示。

一个楼梯段的踏步数不能少于 3 个，最多不超过 18 个，公共建筑中装饰性的弧形楼梯可略超过 18 个。楼梯段的水平投影长度 = （踏步高度数 −1）× 踏步宽度。

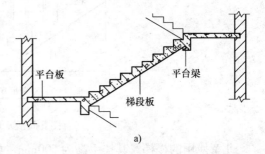

a)

楼梯段的宽度为楼梯间墙面至扶手中心线间的水平距离。楼梯段的宽度取决于通行人数和消防要求。考虑人的平均肩宽为 550mm，再加提物尺寸 0 ~ 150mm，为一纵行人的宽度；按消防要求，必须保证 2 人同时上或下，即最小宽度应为 1100 ~ 1400mm。室外疏散楼梯的最小宽度为 900mm；6 层及 6 层以下住宅楼梯段的最小宽度为 1000mm。高层建筑楼梯段的宽度不应小于 1200mm。户内楼梯段净宽，当一侧临空时取 750mm，两侧有墙时取 900mm。

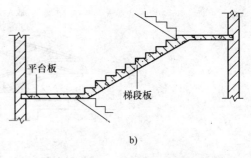

b)

图 6-7　现浇钢筋混凝土楼梯段

（三）楼梯井

两段上下相邻楼梯扶手中心线间的水平投影宽度称为楼梯井。根据消防要求，公共建筑楼梯井的宽度以不小于150mm为宜；住宅楼梯的楼梯井净宽大于110mm时，应采取防止儿童攀滑的措施，当采用栏杆时，其净距不应大于110mm；对托儿所、幼儿园、中小学校及少年儿童专用场所的楼梯井，其净宽大于200mm时，应有防护措施。当采用栏杆时，其净距不应大于1100mm。

（四）楼梯栏杆、扶手

楼梯段和顶层平台应设栏杆（栏板）、扶手。扶手表面高度与楼梯坡度有关，表6-3为楼梯坡度与扶手高度的关系。扶手高度的计算方法如图6-8所示，应从踏步前沿垂直量至扶手顶面的高度。水平扶手的长度超过500mm时，栏杆的高度应不低于1050mm。楼梯段的宽度大于1650mm时，应设靠墙扶手；楼梯段宽度超过2200mm时，还应增设中间扶手。

表6-3　楼梯坡度与扶手高度的关系

楼梯的坡度	扶手表面的高度/mm	楼梯的坡度	扶手表面的高度/mm
150°~30°	900	45°~60°	800
30°~45°	850	60°~75°	750

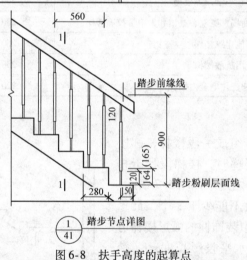

图6-8　扶手高度的起算点

儿童使用的楼梯，其扶手高为600mm。如图6-9所示。

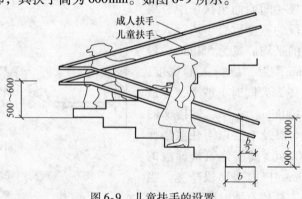

图6-9　儿童扶手的设置

（五）楼梯的休息平台

（1）楼梯休息平台的作用：休息平台分为楼层平台和中间平台，它们的作用基本相同，但宽度尺度有时会不同，如图6-10所示。休息平台是水平方向的，可以缓解上楼爬坡的过度疲劳；当相邻两段楼梯方向需转向时，楼梯平台可以起转向的作用；平台及平台梁还是相邻两段楼梯的连接结构。

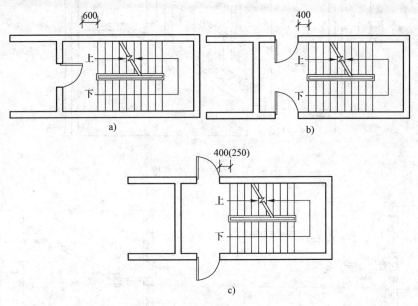

图6-10 休息平台与门的关系

a）门正对楼梯间开启 b）门侧对楼梯间外开 c）门侧对楼梯间内开

（2）楼梯平台的宽度应等于或大于楼梯段的宽度，并不得小于1200mm。当同层相邻两段楼梯长度不相等时，平台宽度应从较长一段楼梯最高处踏步边缘算起。楼梯层间平台设门时，门口距踏步边缘的宽度应保证有400~600mm的安全距离。如图6-10所示。

（3）进入楼梯的门，当90°开向楼梯间时，宜保持600mm的休息平台净宽度，如图6-10a所示。侧墙门口至踏步边不宜小于400mm。当门扇向楼梯间外开时，其洞口距踏步不宜小于400mm。如为居住建筑，也不宜小于250mm。

（六）楼梯的净空高度

当一楼中间平台下设出入口时，应保证出入口及平台梁下的净高等于或大于2000mm。为保证此净空高度，可采取如下措施解决，如图6-11所示。

1）增大室内、外地面高差。图6-11中第一段楼梯另一侧（第二段楼梯下）有三个台阶，按每级高150mm计算，则室内、外地面差达450mm，提高了外门的高度，但应注意下列问题：

① 室内增设台阶后，应保证室外至少有一个台阶，其高度应为150mm。

② 室内增设第一个台阶的前缘至中间平台梁后缘的水平距离应等于或大于300mm。如图6-12a所示。

2）调整首层两段楼梯的踏步数量，使第一段踏步数增加，减少第二段楼梯的踏步数（≥3级），提高中间平台和出入口的高度，如图6-12b所示。

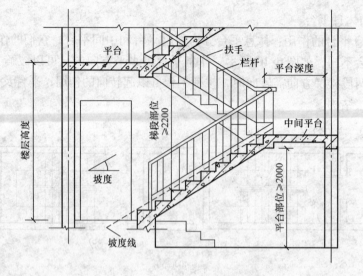

图 6-11　楼梯的净空高度

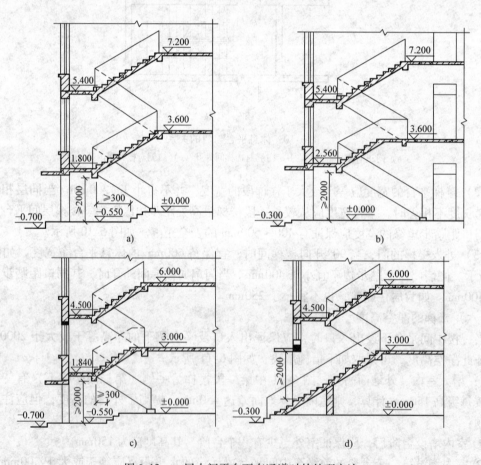

图 6-12　一层中间平台下有通道时的处理方法

3）将前面 1）与 2）两条结合使用，能更多地提高中间平台和出入口的高度，如图 6-12c 所示。

4）还可以考虑将首层楼梯设计成直跑楼梯（踏步数≤18步，当>18步时，应设中间平台），见图6-12d所示。

第三节 钢筋混凝土楼梯

各种材料楼梯相比钢筋混凝土楼梯耐火性能最好，特别是现浇钢筋混凝土楼梯整体刚度好，抗震性能强，是最能满足疏散要求的，故在各类建筑得到广泛应用。

按施工方式的不同，钢筋混凝土楼梯分为现浇和预制两种。预制装配的钢筋混凝土楼梯，单件质量较好，但楼梯的整体性差，降低了抗震能力，故其应用越来越少。

一、现浇钢筋混凝土楼梯

现浇钢筋混凝土楼梯是在现场设计位置，将楼段、平台梁板连接在一起架设模板、绑扎钢筋、浇筑混凝土，楼梯的各个部件完全连接在一起，形成整体。

按结构形式，钢筋混凝土楼梯分为板式和梁板式两种，如图6-13、图6-14所示。

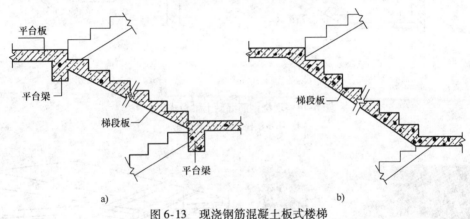

图6-13 现浇钢筋混凝土板式楼梯
a）设平台梁的现浇钢筋混凝土板式楼梯
b）无平台梁的现浇钢筋混凝土板式楼梯（又称折板式楼梯）

（一）板式楼梯

板式楼梯可分为有平台梁的板式楼梯和折板式楼梯两种，图6-13a所示为有平台梁式楼梯，图6-13b所示为不设平台梁的折板式楼梯。

（1）有平台梁的板式楼梯：此种楼梯梯级和平台的荷载由平台梁承担，梯段的跨度为相邻上、下平台间的距离，其水平投影长度不宜大于3m。如增大此长度，必然要加大梯段板的厚度，所以板式楼梯适用于荷载较小，层高较小的住宅、宿舍等建筑。板式楼梯的优点是底面平整、美观、便于装修。

（2）不设平台梁的板式楼梯：又称为折板式楼梯，此种楼梯的跨度为梯段的水平投影长加两个平台宽度之和，所以折板式楼梯更不宜用于荷载大、层高大的建筑中。

（3）悬臂板式楼梯：这是一种新型的楼梯结构形式，多用于公共建筑和庭院建筑的室外楼梯，如图6-15所示。此种楼梯的梯段板和一端的平台板完全是悬臂的，其悬臂支坐是楼层平台梁和楼板，空间感好、造型优美。

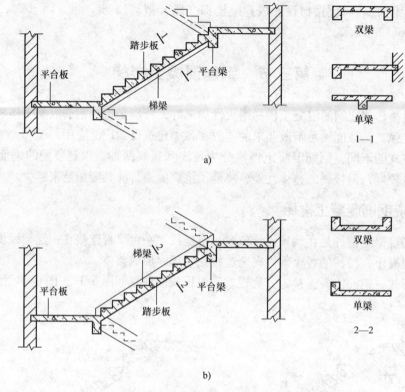

图 6-14　现浇钢筋混凝土梁板式楼梯
a）明步楼梯　b）暗步楼梯

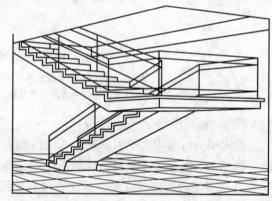

图 6-15　悬臂板式楼梯

（二）梁板式楼梯

（1）梁板式楼梯的组成：梁板式楼梯的梯段由踏步、梯段板、斜梁组成；平台由平台梁、平台板组成。其荷载由踏步和踏步板传至斜梁，斜梁传给平台梁，再由平台梁传给楼梯间墙、柱及基础（首层）。梁板式楼梯的组成如图 6-16、图 6-17 所示。

（2）梁板式楼梯的形式：梁板式楼梯分为单斜梁式（又分为斜梁位于梯段一侧和位于

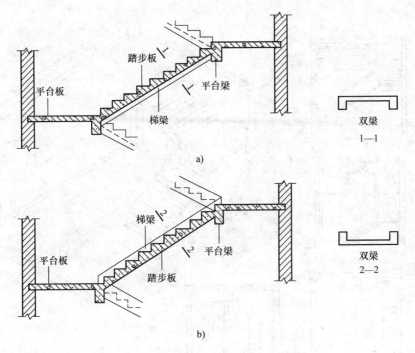

图 6-16　现浇钢筋混凝土梁板式楼梯

a）梁板式明步楼梯　b）梁板式暗步楼梯

梯段中间两种）、双斜梁式；按斜梁位置还可分为明步式和暗步式两种，如图 6-16 所示。图 6-18 所示为三跑式斜梁楼梯。

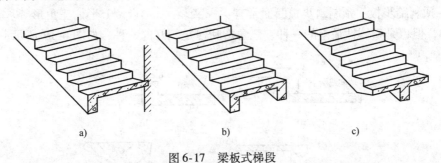

图 6-17　梁板式梯段

a）梯段一侧设斜梁　b）梯段两侧设斜梁　c）梯段中间设斜梁

（3）斜梁式楼梯的优点：梯段跨度可增大，能承受较大荷载，适用于层高大的建筑，如教学楼、商场等公共建筑。

二、钢筋混凝土预制装配式楼梯

（一）小型构件装配式楼梯

小型构件是将楼梯段和平台分解为若干小件，分别预制后在现场设计位置组装固定成楼梯。楼梯分解为斜梁、踏步；平台分解为平台梁和平台板，如图 6-19、图 6-20 所示。其优点是：构件小，易于制作、便于安装、不需大型起重机械等，缺点是构件数量多，施工安装繁琐，整体性差，不利于抗震。

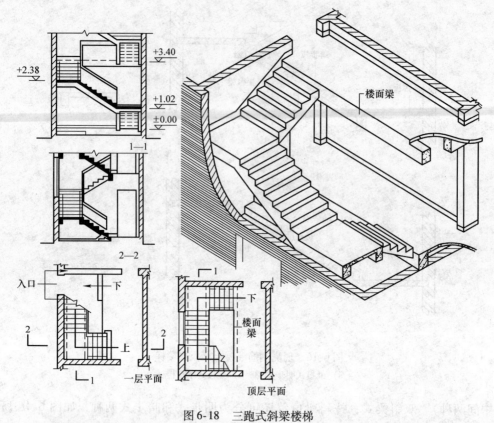

图 6-18 三跑式斜梁楼梯

（1）预制踏步板：预制踏步板断面常有：一字形、L形、倒L形、三角形等。其中一字形最简单，但也是整体性最差的一种，三角形断面是较好的一种，如图6-19所示。

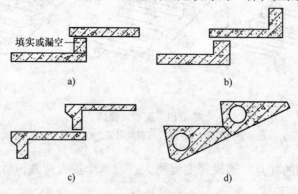

图 6-19 踏步板断面形式

a）一字形　b）L形　c）倒L形　d）三角形

（2）预制踏步板的安装：预制踏步板需安装在支承结构上，支承结构分为斜梁支承和承重墙支承两种。支承形式可分为简支支承、悬臂支承。

1）梁承式楼梯：梁承式楼梯的梯段由斜梁和踏步板组成。斜梁可预制成矩形、阶梯形、L形。矩形和L形斜梁用于支承三角形踏步板；阶梯形斜梁用于支承一字形和L形踏步板。施工时，踏步板应铺水泥砂浆安装在斜梁上，如图6-20所示。

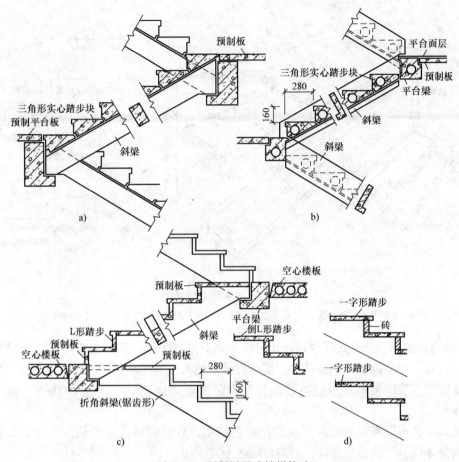

图 6-20　预制梁承式楼梯构造

a）三角形踏步与矩形斜梁组成　b）三角形空心踏步与 L 形斜梁组成
c）正反 L 形踏步与锯齿形斜梁组成　d）一字形踏步与锯齿形斜梁组成

2）墙承式楼梯：墙承式楼梯分两种不同的支承方式，即双墙支承式和悬挑式两种，如图 6-21 和图 6-22 所示。双墙支承式的楼梯间墙作为一端支承，另外需在楼梯井处砌 240 厚砖墙或 150mm 厚钢筋混凝土墙支承踏步板的另一端。

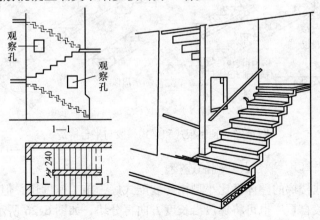

图 6-21　双墙支承式楼梯

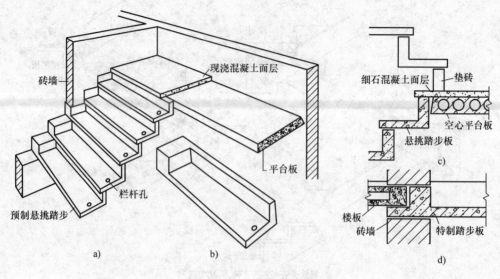

图 6-22　悬挑踏步楼梯

a）悬挑踏步楼梯示意　b）踏步构件　c）平台转换处剖面图　d）遇楼板处构件

3）悬挑式楼梯：悬挑式楼梯可使用一字形和 L 形踏步板，其一端压入楼梯间 240mm 厚承重墙内，另一端悬挑，为悬臂结构。当遇有楼板插入楼梯间承重墙时，需作特殊处理，如图 6-22d 所示。悬挑楼梯踏步板的悬挑长度为楼梯段宽度，一般可达 1200mm，最大不超过 1500mm。

悬挑式楼梯不设梯段斜梁和平台梁，构造简单，外形轻巧，造价低，其缺点是施工繁琐、结构整体性差，抗震性能低，地震设防区不宜采用。

（二）中型构件装配式楼梯

中型构件装配式楼梯是将楼梯分解为两大部分预制，即梯段和平台，也有将平台又分解为平台梁和平台板的。其梯段的形式有板式和梁板式两种，如图 6-23 和图 6-24 所示。

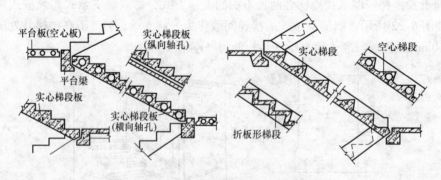

图 6-23　预制板式和梁式梯段与平台构造

图 6-25 所示为梯段、平台及基础的连接。

中型构件装配式楼梯的整体性比小型构件装配式好，施工速度快，但需有一定的吊装能力。为减轻预制梯段自重，也可将梯段沿长度方向再分块，如图 6-26 所示。

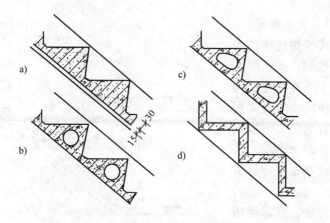

图 6-24　槽板式梯段形式

a）底板提高去角　b）踏步不抽圆孔　c）踏步抽三角圆孔　d）折板形

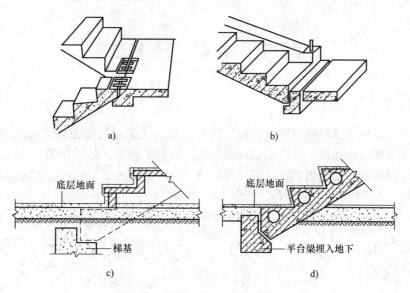

图 6-25　梯段、平台及基础的连接

a）焊接　b）插接　c）梯段与基础的连接　d）梯段与地梁的连接

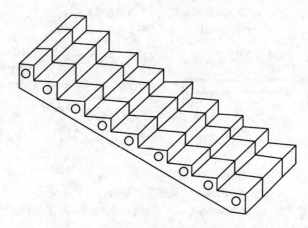

图 6-26　分块预制梯段

（三）大型构件装配式楼梯

大型构件装配式楼梯将梯段和平台合为一体进行预制，安装时支承于楼梯间两端墙上。按梯段结构形式的不同，分为板式楼梯和梁板式楼梯两种。为减轻自重，可以做成空心踏步，如图6-27所示。

大型构件装配式楼梯构件数量少，装配化程度高，施工速度快，整体性好，抗震能力强，但需使用大型吊装运输设备。

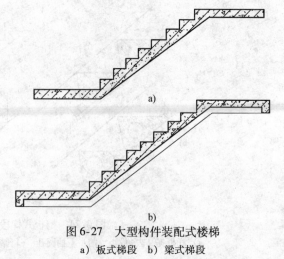

图6-27　大型构件装配式楼梯
a）板式梯段　b）梁式梯段

第四节　楼梯的细部构造

一、踏步面层及防滑处理

楼梯踏步面层应具有较强耐磨损性能和防滑质地。面层材料和做法常有水泥砂浆抹面、水磨石面层、大理石板面层、缸砖面层和各种人造石板贴面等，如图6-28所示。

踏步防滑材料和做法也很多，常有防滑凹槽、金刚砂防滑条、贴陶瓷锦砖防滑条、塑料防滑条等，如图6-29所示，踏步包口如图6-30所示。

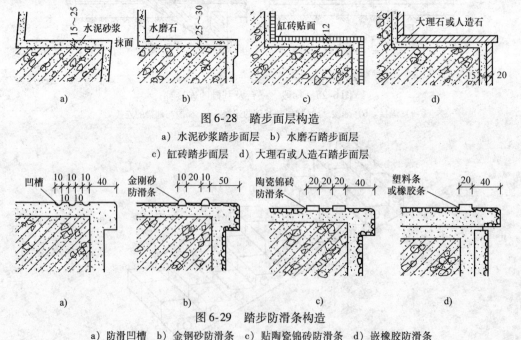

图6-28　踏步面层构造
a）水泥砂浆踏步面层　b）水磨石踏步面层
c）缸砖踏步面层　d）大理石或人造石踏步面层

图6-29　踏步防滑条构造
a）防滑凹槽　b）金钢砂防滑条　c）贴陶瓷锦砖防滑条　d）嵌橡胶防滑条

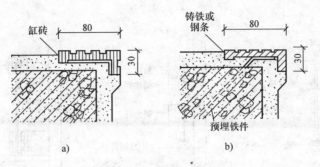

图 6-30 踏步包口
a）缸砖包口 b）铸铁包口

二、栏杆、栏板及扶手构造

1）栏杆或栏板是楼梯的维护构件，保护行人上下楼梯的安全。栏杆多用圆钢、方钢、扁钢、钢管焊接而成各种形式，轻巧美观，起一定的装饰作用，如图 6-31 所示。

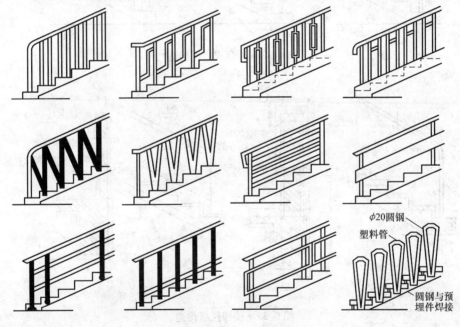

图 6-31 栏杆的形式

2）图 6-32 所示为组合式栏杆构造，所谓组合式即栏杆与部分面积的板材相结合，板材可用胶合板、塑料板、钢化玻璃板等，形成虚实结合的图案，如图 6-32 所示。

3）栏板是一种实体的楼梯围护结构，有 60mm 厚砌砖抹灰栏板、钢板网抹灰栏板、钢筋混凝土浇筑栏板等。此种围护结构厚重坚实，安全感好，如图 6-33 所示。

4）扶手材料常有硬木、塑料、金属等，扶手与栏杆的连接：当采用硬木、塑料扶手时，可在栏杆立柱顶端焊接通长斜向扁钢，嵌于扶手下面的凹槽内，用木螺钉拧紧即可；当扶手为金属材料时，可采用焊接的方法连接，如图 6-34 所示。

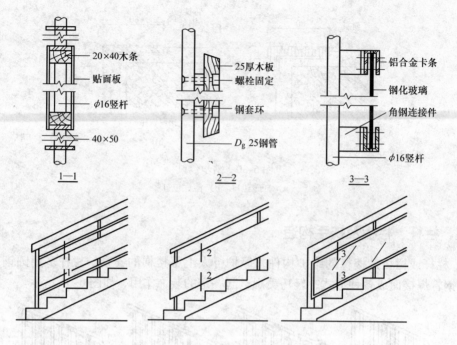

图 6-32　混合式栏杆构造

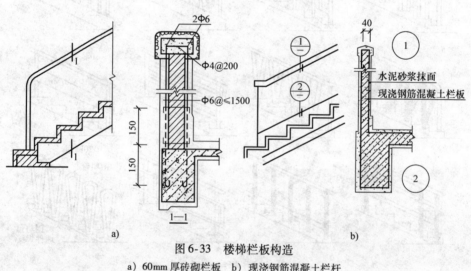

图 6-33　楼梯栏板构造

a) 60mm 厚砖砌栏板　b) 现浇钢筋混凝土栏杆

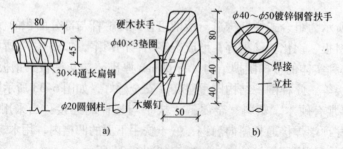

图 6-34　扶手的类型与连接

a) 木扶手　b) 钢管扶手

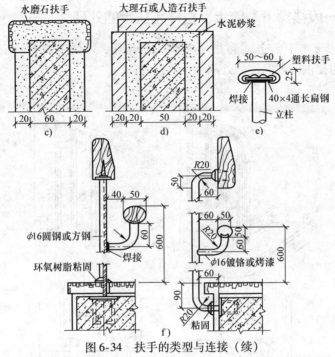

图 6-34 扶手的类型与连接（续）

c）水磨石扶手　d）大理石或人造石扶手　e）塑料扶手　f）扶手连接

三、栏杆与梯段的连接

栏杆与梯段的连接可采用预埋铁件焊接、预留孔埋设、膨胀螺栓连接、螺栓连接等方法；可以在踏步上表面连接，如需侧面连接也可以，如图 6-35 所示。

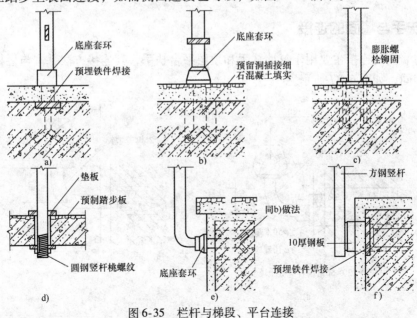

图 6-35　栏杆与梯段、平台连接

a）预埋件连接（一）　b）预留插孔埋设（一）　c）膨胀螺栓连接　d）螺栓连接

e）预留插孔埋设（二）　f）预埋件连接（二）

四、底层第一段楼梯下端踏步、栏杆和扶手的处理

底层第一个踏步、栏杆和扶手常做一些特殊的处理，以便于通行和安全，提高观感效果。图 6-36 所示为提供两款简便的处理手法。

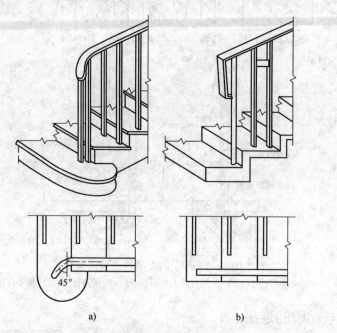

图 6-36 底层第一个踏步详图
a）半圆式 b）直线式

五、扶手与墙面的连接

扶手与墙面的连接主要用于靠墙扶手和顶层平台扶手，其连接方法基本与栏杆和踏步的连接方法相同，如图 6-37 所示。

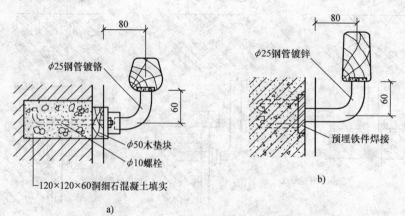

图 6-37 扶手与墙面连接

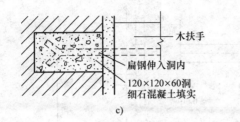

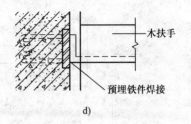

图 6-37 扶手与墙面连接（续）

第五节 楼梯建筑设计

楼梯建筑是楼房建筑设计的一个组成部分，楼梯建筑设计必须依据楼房建筑设计的统一规划进行，执行相同的设计标准，但楼梯建筑设计又有其特殊性，特别是必须满足安全疏散、防火等要求，执行国家相应的建筑、结构设计规范、建筑防火、安全疏散设计规范。

一、楼梯建筑设计的步骤

1）掌握楼房建筑设计所确定的楼梯使用性质，安全防火疏散要求、等级。

2）熟知楼房建筑设计所给定的楼梯间位置、朝向、各种必备尺度。

3）根据使用性质、荷载规范确定楼梯的结构类型。

4）楼梯建筑设计的具体步骤：

① 根据楼梯的使用性质，选择适宜的楼段坡度，确定踏步的高（h）、宽（b）尺寸。

② 根据楼梯开间尺寸，确定楼段宽度（B）。

③ 确定每层楼踏步数量 n。其值为 $n = H/h$，其中 H 为楼房层高、h 为踏步高。

④ 确定每个楼段的踏步数 n_1。注意基本要求：最少为三步，最多为 18 步，多于 18 步时应设计为双跑或多跑楼梯。如首层中间平台下有通行要求时，应保证平台梁下净高≥2m。

⑤ 由已确定的踏步宽度 b，计算每一楼段的水平投影长度 $L_1 = (n_1 - 1) b$。

⑥ 由开间净宽度 B_1 确定楼梯井宽度 $B_2 = B_1 - 2B$。

⑦ 确定平台宽度 $L_2 \geqslant$ 楼段宽 B。

以上楼梯间平面尺寸关系如图 6-38 所示。

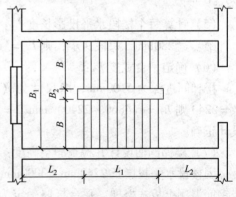

图 6-38 楼梯间平面尺寸代号

二、楼梯设计实例

某住宅楼梯间开间 2700mm，进深 5100mm，层高 3060mm，封闭式平面。室内外高差 750mm，楼梯间底部有出入口，门高 2000mm，楼梯间细部尺寸如图 6-39 所示。要求设计平行双跑楼梯。

解：

（1）确定踏步高度 h 和宽度 b 的尺寸：

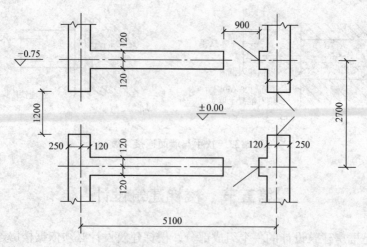

图 6-39　实例楼梯间细部尺寸

此楼梯为住宅共用楼梯，按表 6-2 规定，踏步最大高度为 175mm，最小宽度为 260mm。取踏步高 $h = 170mm$，则踏步宽 $b = 450 - 170 = 280mm$。

（2）确定楼梯宽度 B 的尺寸：

楼梯间净宽 $B_1 = 2700 - 120 \times 2 = 2460mm$，楼梯井宽 B_2 应便于模板架设施工，此题取 $B_2 = 160mm$，则楼段宽 $B = (2460 - 160) / 2 = 1150mm$。

（3）确定踏步数 n：

层高 3060mm，踏步高 $h = 170mm$，则踏步数 $n = 3060/170 = 18$ 步。

（4）确定双跑楼梯每个梯段踏步数 n_1：

因每层踏步数为 $n = 18$ 步，按每层两段楼梯踏步数相等设计，则每一梯段踏步数 $n_1 = n/2 = 9$ 步。

（5）计算每个楼段水平投影长度 L_1：

踏步宽 280mm，每段 9 步，则 $L_1 = (9 - 1) \times 280mm = 2240mm$。

（6）确定平台宽度 L_2：

楼梯间进深为 5100mm，净尺寸为 $(5100 - 120 \times 2)$ mm $= 4860mm$，楼段水平投影长 $L_1 = 2240$ 则 $L_2 = (4860 - 2240)$ mm$/2 = 2620mm/2 = 1310mm$，$L_2 = 1310mm > B = 1150mm$，设计正确。

（7）楼梯剖面设计并检查净空高度：

因楼段水平投影长 2240mm < 3000mm（规范规定），又为提高楼梯的净空高度，选用现浇钢筋混凝土板式楼梯，平台板厚确定为 100mm。第一段楼梯垂直投影高 170mm $\times 9$ 步 $= 1530mm$，为满足净空高度 $\geq 2000mm$ 要求，将室内外地坪高差 750mm 中 150mm 设为室外一个台阶高度，其余 600mm 移至室内，设四步台阶，即 600mm $= 4 \times 150mm$。依据上述数据，平台下净高为 $(1530 + 600 - 100)$ mm $= 2030mm \geq 2000mm$，通行门过梁底面标高为 2030mm。以上设计满足净空高度要求，如图 6-40 所示。

（8）踏步、栏杆、扶手的设计：

踏步采用 1:2.5 水泥砂浆抹面，楼段板底面、侧面刷大白浆。图 6-41 所示为踏步和基础详图。

栏杆采用钢管、钢筋焊接，刷紫檀色油漆。

采用塑料扶手、紫檀色。

栏杆扶手如图6-8所示。

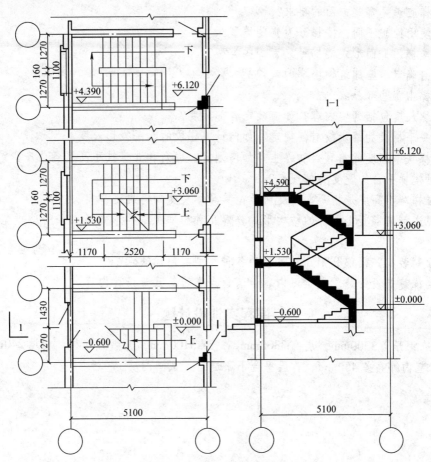

图6-40　实例平面图及剖面图

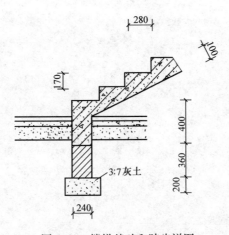

图6-41　楼梯基础和踏步详图

本章学习思考题

1. 楼梯除日常作上下通行使用外，还有什么作用？

2. 楼梯应满足哪些方面的要求？

3. 按使用性质不同，楼梯分为哪些类型？

4. 按楼梯间平面形式楼梯可分为哪些类型？

5. 如何确定一座建筑物楼梯的数量？

6. 楼梯由哪些部分组成？

7. 楼梯尺度包括哪些内容？如何确定各部尺度？

8. 对一个梯段的踏步数有何规定？如何计算梯段的水平投影长度？

9. 楼梯扶手高度的起算点和终止点如何划定？成人和儿童扶手高度各为多少？

10. 对楼梯平台的宽度有何规定？

11. 楼梯净空高度是指哪些高度而言？其具体尺度如何规定？

12. 现浇钢筋混凝土楼梯的结构形式分哪几种？每种结构形式又细分哪些类型？各自有何特点？

13. 预制装配式楼梯分哪几种类型？各种类型有何优缺点？

14. 楼梯建筑设计是重点学习内容，请重点学习第五节设计内容。

课程实训设计题

某建筑物开间 3300mm，层高 3300mm，进深 5100mm，开敞式楼梯。内墙 240mm，外墙 3700mm，室内外高差 450mm。首层平台下不通行。试画图。

第七章 屋 顶

第一节 屋 顶 概 述

一、屋顶的作用与要求

（一）屋顶的作用

屋顶是房屋顶部的围护结构、承重结构，又为抵卸风雨雪及落物的侵袭、保温隔热而设。从建筑学视觉而言，屋顶已成为建筑体形美不可或缺的重要组成部分，特别是世界各地的民族建筑，屋顶是尤显风韵。

在悠久的人类文明史发展过程中，随着人类的进步，科学技术的发展，特别是建筑材料工业的发展，使屋顶发生了巨大的演变，从穴居、茅草屋至今天的大跨度穹顶、悬索结构、斜拉结构……使建筑、屋顶美不胜收。

（二）对屋顶的要求

（1）结构要求：屋顶是房屋的承重结构，必须满足强度、刚度和稳定性的要求，保证房屋的安全。

（2）防水要求：屋顶防水是对屋顶的最基本要求。对屋顶防水的措施有设排水坡度排水；使用防水材料防水；采取构造措施处理等。屋顶排水因排水方式不同，分无组织排水和有组织排水。

（3）保温隔热要求：屋顶是暴露在大自然环境中的，直接受自然环境变化的影响，这种影响传至室内，造成室内环境的变化。所以，屋顶必须满足保温隔热的要求，造成适宜的人居环境。

（4）建筑艺术要求：屋顶的形式、材料、色彩要与建筑群体、建筑个体、建筑立面、城市环境形成有机的整体，合理的融入，为城市美化增色。

二、屋顶的类型 （图7-1）

（一）按屋面坡度及结构类型划分

（1）坡屋顶：屋顶坡度大于10%的屋顶，称为坡屋顶。常用的坡度范围为10°~60°，如图7-2所示。坡屋顶是我国民族屋顶的传统形式，可细分为单坡、双坡、四坡、歇山式等多种，分别适用于大小不同的跨度。坡屋顶的屋面，过去多用小块的粘土瓦、水泥瓦，也有水泥石棉波形瓦、铁皮等为防水面层。现在有大面积的塑料瓦形屋面材料，如北京"平改坡"工程中的灰色塑料瓦屋面。

坡屋顶因坡度大，排水快；又因屋顶高，形成的大空间可增加保温材料的厚度。但其自重大，施工难度也较大。

（2）平屋顶：屋面坡度小于10%的屋顶称为平屋顶。常用的坡度为2%~5%，也细分

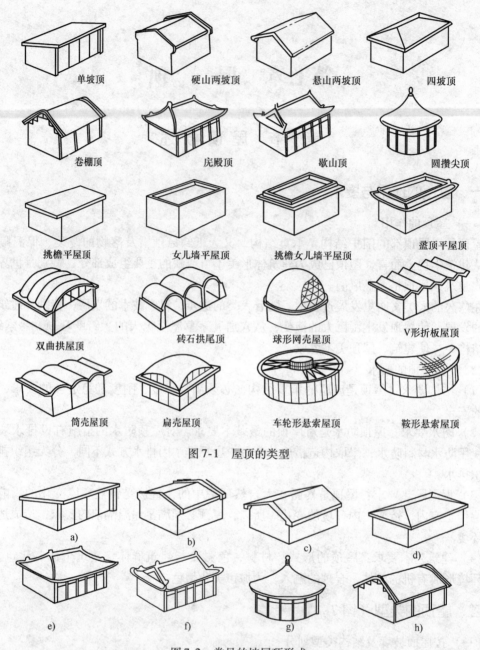

图 7-1 屋顶的类型

图 7-2 常见的坡屋顶形式

a) 单坡屋顶 b) 硬山双坡屋顶 c) 悬山双坡屋顶 d) 四坡屋顶
e) 庑殿式屋顶 f) 歇山式屋顶 g) 攒尖式屋顶 h) 卷棚式屋顶

为挑檐式平屋顶，女儿墙式平屋顶、盝顶式平屋顶等，如图 7-3 所示。

平屋顶因屋面坡度小，需使用防水性能较好的材料作屋面面层，常用的有卷材防水，涂膜防水等。

平屋顶的构造简单，节约材料，屋面便于利用等优点，但存在造型单一的缺点。

（3）其他形式的屋顶：其他形式的屋顶中很多是随着科学技术的发展和建筑材料工业

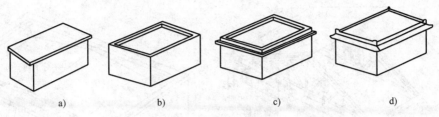

图 7-3　常见的平屋顶形式
a）挑檐　b）女儿墙　c）挑檐女儿墙　d）盝顶

的发展而出现的新型结构屋顶，如各种薄壳结构、悬索结构、网架结构等曲面屋顶，多用于大型公共建筑、体育建筑中，如图 7-4 所示。

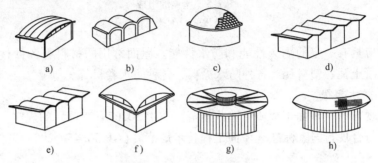

图 7-4　其他形式的屋顶
a）双曲拱屋顶　b）砖石拱屋顶　c）球形网壳屋顶　d）V 形网壳屋顶
e）筒壳屋顶　f）扁壳屋顶　g）车轮形悬壳屋顶　h）鞍形悬索屋顶

这种结构屋顶能充分发挥材料的力学性能，受力合理，造型轻巧、新颖，但造价高，施工难度大。

（二）按功能划分

（1）隔热屋顶：屋顶设隔热层，以阻断室外热量传入室内，达到夏季降温的目的。如南方夏季炎热地区，可做成隔热屋顶。

（2）保温屋顶：屋顶设保温层，以减少室内热量向室外散失，达到冬季节能保温之目的。如北方寒冷地区，可做成保温屋顶。

（3）蓄水屋顶：屋顶上做蓄水池，可起到隔热降温的作用，又能增加景观效果。

（4）采光屋顶：当需要利用屋顶采光时，可选用透光材料（如钢化玻璃）作屋顶，形成采光屋顶。

（5）上人屋顶：屋顶的至高位置，便于眺望，故可将屋顶作为餐饮、娱乐活动场所。

三、屋顶的组成

屋顶的组成因地区和气候条件不同而各异，在寒冷地区需设保温层，在炎热地区需设隔热层，又因装饰要求不同，有的室内设顶棚，有的不设。但一般可将屋顶分解为四个组成部分，即面层、保温或隔热层、结构层和顶棚，如图 7-5 所示。

（一）面层

屋顶的面层也称屋面，是直接暴露在大自然环境中，长期承受各种外界因素的侵袭。因

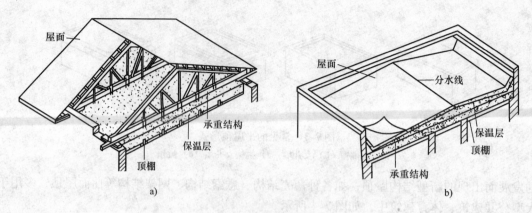

图 7-5　屋顶的组成
a）坡屋顶　b）平屋顶

此，屋面材料应具有一定的耐久性能和防水性能。屋面常用的材料有各种材料制成的小块瓦、大片的混凝土瓦、塑料瓦、各种防水涂料、各种防水卷材等。

1. 屋面的防水等级

根据我国现行的《屋面工程质量验收规范》（GB 50207—2012）的规定，屋面防水等级和设防要求应符合现行国家标准《屋面工程技术规范》（GB 50345—2004）的有关规定，见表 7-1。

表 7-1　屋面防水等级和设防要求

项目	屋面防水等级			
	I	II	III	IV
建筑物的类别	特别重要的民用建筑和对防水有特殊要求的工业建筑	重要的工业与民用建筑、高层建筑	一般的工业与民用建筑	非永久性建筑
防水层的耐用年限/年	25	15	10	5
防水层选用的材料	宜选用合成高分子防水卷材、高聚物改性沥青防水卷材、合成高分子防水涂料、细石防水混凝土等材料	宜选用高聚物改性沥青防水卷材、合成高分子防水卷材、合成高分子防水涂料、细石防水混凝土、瓦等材料	应选用三毡四油沥青防水卷材、高聚物改性沥青防水卷材、高聚物改性沥青防水涂料、沥青基防水涂料、刚性防水层、瓦、油毡瓦等	可选用二毡三油沥青防水卷材、高聚物改性沥青防水涂料、波形瓦等材料
设防要求	三道或三道以上防水设防，其中应有一道合成高分子防水卷材；且只能有一道厚度不小于 2mm 的合成高分子防水涂膜	两道防水设防，其中应有一道卷材。可采用压型钢板进行一道设防	一道防水设防，或两种防水复合使用	一道防水设防

2. 屋面排水、防水概念

屋面防水是通过一定角度的排水坡度，首先排除屋面水，就是通过设置的排水坡度，将屋面水疏导排离屋面，即因势利导，简称为"导"，如坡面就是以"导"为主的防水屋面；其次是因降雨会延续一定时间，则所选用的屋面材料必须具有较强的防渗漏能力，这种能力是通过在屋顶上面铺设防水材料，形成完整的覆盖层，以达到防渗漏的目的，是一种"堵"的方法，如平屋顶就是以"堵"为主的防水屋面。所以，屋面排水、防水就是通过"导"和"堵"两种手段实现的。当然，屋面防水还要使用一些构造措施加以辅助，如防水卷材的铺设应顺坡上压下搭接、顺主导风向搭接等。

3. 屋面排水系统

屋面雨水的排除，与屋顶的类型、屋面材料、排水方式和檐口做法等有直接关系，应统一考虑解决。屋面排水分无组织排水、有组织排水和综合排水等方式。

（1）无组织排水：是利用屋顶坡度、构造，雨水从屋脊经屋面、天沟至屋檐自由落下至室外地坪，如图7-6所示。

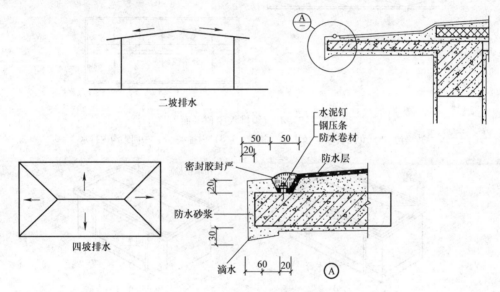

图7-6　无组织排水方案和檐口构造

无组织排水不需在屋顶上设排水装置，构造简单，造价低，其缺点是沿檐口落下的雨水会溅湿墙脚，有风时还会污染墙面，特别是处于行人较多地方的房屋，不便于行人的通行。故无组织排水只适用于次要建筑、低层和降水量较小地区的建筑。

（2）有组织排水：是将屋面上排至檐口的雨水经人工设置的檐沟、雨水口、水斗和雨水管等装置，排至地面或城市雨水下水道，如图7-7所示。有组织排水避免了对墙面和墙脚的污染，消除了对行人的影响，使城市更清洁文明；但因专用设置多、构造复杂，造价高。

有组织排水根据房屋进深（宽度）的大小、使用要求等情况，又分为有组织外排水和有组织内排水两种。

1）有组织外排水：是将沿墙垂直的雨水管（水落管）排下的雨水直接排至室外地面或城市雨水口中，如图7-8所示。

2）有组织内排水：当房屋进深（宽度）大（特别是厂房）、寒冷地区或者有特殊使用要求时，将垂直的雨水管穿过屋顶，沿内墙或柱子固定，使雨水排至室内下水管，再排至室外城市雨水管，如图7-9所示。

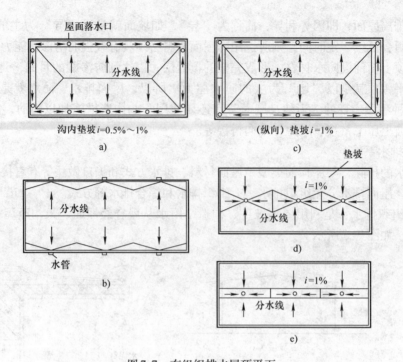

图 7-7　有组织排水屋顶平面

a）檐沟　b）女儿墙　c）女儿墙（挑檐）　d）内排水　e）中间天沟内排水

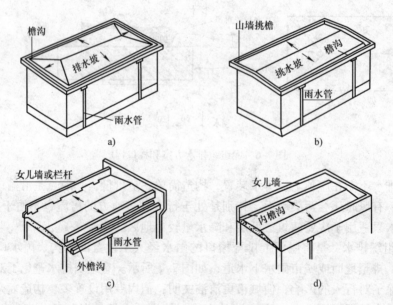

图 7-8　平屋顶有组织外排水

3）有些房屋将有组织内、外排水，或无组织排水和有组织排水结合设置，灵活多样，降低造价。

（二）保温、隔热层

（1）保温层：在寒冷地区，为了保持室内的适宜温度，减少通过屋顶向外散失热量，需使用保温材料设置保温层。保温层应使用热导率小（热阻大）的材料做成，常用的有木

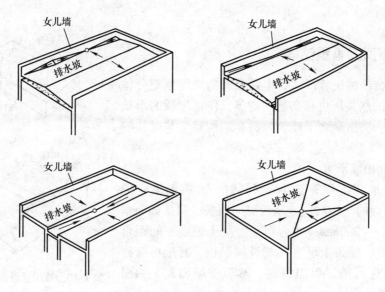

图 7-9　有组织内排水屋面

屑加白灰、珍珠岩粉（散状或预制块）、泡沫或加气混凝土（预制块）、聚乙烯泡沫板等。

（2）隔热层：在炎热地区，为了阻断室外高温对室内气温的辐射和传导，需使用隔热材料或构造措施，设置隔热层。隔热材料与保温材料同样都应是热导率小的材料。具体材料同保温材料。

（三）结构层

屋顶的结构层是指承重结构而言。在坡屋顶中，常用各种形状和材料的屋架及一些空间结构；在平屋顶中，结构层常为各种屋面板及屋面梁。

（四）顶棚层

顶棚是屋顶中面向室内空间的装饰层。最简单的顶棚是屋面梁板的涂料层，好一些的是梁板抹灰后涂料饰面，较复杂的顶棚是使用各种饰面板做成的吊顶棚。

第二节　坡　屋　顶

一、坡屋顶及其组成

坡屋顶的屋面坡度一般大于 1∶10，常用坡度为 10°～60°，具体坡度的大小与屋面防水材料的防水性能的强弱有关，也与屋面层组合整体性有关，如欧式尖顶建筑多用铁皮屋面。

坡屋顶的组成，视所处地区而不同，在寒冷地区需设保温层。故其组成为屋面层、保温层、结构层和顶棚层（天棚）；在气温较高地区则可不设保温层。

坡屋顶经常由多个坡度相同的坡面组成，最简单的坡屋顶为一个坡面，称为单坡屋顶；由两个坡面组成的称为双坡屋顶；由四个坡面组成的称为四坡屋顶，如庑殿式、歇山式等。两个坡面相交且突出的水平线称为屋脊；两个坡面相交形成凹入的水平线称为天沟（应设排水坡）；四坡屋面两端交成的斜向突出线称为斜脊；两个斜面相交形成凹入的斜线称为斜沟；屋面的边线称为屋檐。屋脊（正脊）、斜脊为分水线（岭），天沟、斜沟为排水沟，如

图 7-10 所示。

二、坡屋顶的承重结构

坡屋顶是传统的民族形式，丰富多彩的坡屋顶充分体现了各族人民的悠久历史和高超的智慧，使坡屋顶的承重结构种类繁多，突出显现了建筑材料和结构科学与时代的紧密结合。

（一）横向山墙承重

当房屋横墙间距相等且小于 4m 时，可将横墙砌成"山尖"，在两面的"山坡"上塔设纵向檩条。檩条如为木质，间距为 500～700mm；如为钢筋混凝土檩条，间距可扩大至 1m 左右。檩条上可直接铺设屋面板，其上再钉挂瓦条，瓦条间还可铺设保温材料，然后挂屋面瓦，如图 7-11 所示。

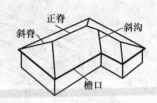

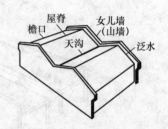

图 7-10　坡屋顶坡面组织和名称

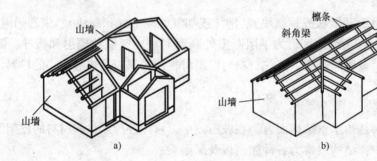

图 7-11　山墙承重的坡屋顶

（二）梁架承重

在房屋纵向承重墙上搭设梁架，或在柱间搭设梁架，在梁架上搭设檩条形成坡屋面，如图 7-12 所示。

梁架由柱梁组成，其上搭设檩条，形成双坡或四坡各种形式的坡屋面。因受梁跨度有限的影响，使墙承梁架房屋进深不会太大，而柱承式梁架则可加大房屋进深。

梁架承重的梁柱材料过去都是圆木，后来改用钢筋混凝土预制梁柱，焊接而成梁架。

（三）屋架承重

1. 屋架形式与组成

屋架承重是指使用木、钢、钢木结合、钢筋混凝土制成各种形式（三角形、梯形、多边形、曲线形等）的屋架，如图 7-13 所示。一榀屋架由上弦杆、下弦杆、腹杆中的竖杆、斜杆等组成。

2. 屋架承重屋顶的构造

屋架支承在纵墙上或柱上，形成坡屋顶承重体系。在屋架上弦上搭设檩条等屋顶面层，屋架下弦下可吊设顶棚，如图 7-14 所示。

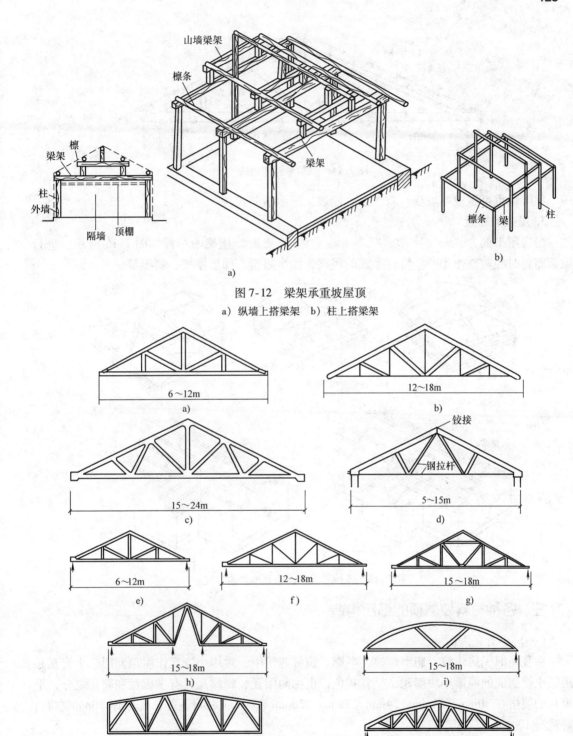

图 7-12　梁架承重坡屋顶

a）纵墙上搭梁架　b）柱上搭梁架

图 7-13　屋架类型

a）木屋架　b）钢木屋架　c）钢筋混凝土屋架　d）钢与钢筋混凝土组合三铰屋架　e）中杆式屋架
f）霍式屋架　g）三支点屋架　h）四支点屋架　i）弧形屋架　j）梯形屋架　k）多边形屋架

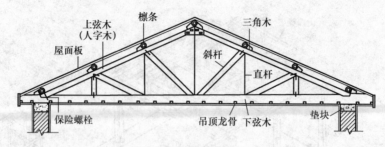

图 7-14　三角形屋架组成

屋架承重可做成单坡顶、双坡顶、四坡顶等屋顶形式。

3. 屋架的布置

当房屋平面为"一"字形、"L"形、"T"字形时，屋架的布置如图 7-15 所示。进行屋架布置时经常要使用一些特殊形式的屋架，如半屋架、梯形屋架、斜梁等。

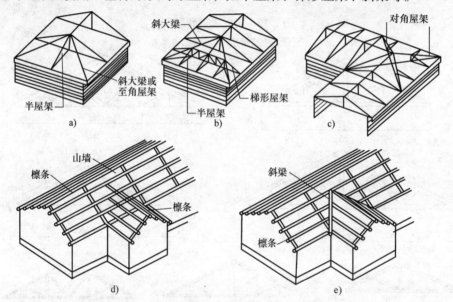

图 7-15　各种平面形成房屋屋架的布置

三、各种材料坡屋顶的细部构造

（一）小青瓦屋面

在我国旧民居建筑、庙宇建筑、亭廊、园林建筑中，常用小青瓦作屋顶面层。小青瓦是用粘土烧制成的筒形小块陶瓦，呈青灰色，也称阴阳瓦、蝴蝶瓦。有平板瓦和筒瓦之分，平板瓦的规格在 30mm×24mm、24mm×20mm、20mm×18mm 之间不等，瓦板厚 10mm 左右；筒瓦高 100mm 左右。

小青瓦的铺设有单层瓦、阴阳（正反）瓦之分，又有冷摊瓦（即不加粘结料的干铺法，如图 7-16a 中的冷摊瓦）和底灰瓦（即在屋面板上或底瓦与盖瓦间加粘泥粘结，如图 7-16a 中的筒板瓦和阴阳瓦）。图 7-16b、c、d 所示为悬山、屋脊、天沟的构造。在屋脊（正脊、斜脊）上要使用特制的脊瓦；在屋檐处要沿屋檐长度使用滴水檐瓦（即附有尖舌形的底瓦）。

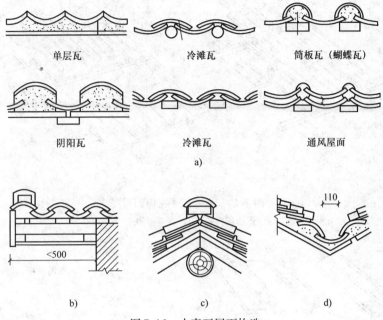

图 7-16　小青瓦屋面构造

a）小青瓦铺法　b）悬山　c）屋脊　d）天沟

在我国南方民居建筑中，小青瓦坡屋顶也不单设隔热层，特别是冷摊瓦屋面，缝隙多，自然通风良好；底灰瓦屋面的底灰可起到隔热的作用。

（二）琉璃瓦屋面

我国古代宫殿和庙宇建筑中，常用各种颜色的琉璃瓦作屋面材料。琉璃瓦是将陶瓦表面上釉，多呈金黄色、绿色、蓝色等亮丽的颜色，美观华丽，显现民族建筑的富丽堂皇。

（三）平瓦屋面

平瓦有用粘土烧制成的呈橘红色（称粘土瓦）、有用水泥砂浆制成的呈灰色（称水泥瓦）。平瓦宽230mm，长380～420mm。根据铺设方法的不同，分为木基层平瓦屋面和钢筋混凝土挂瓦板平瓦屋面两种。

1. 木基层平瓦屋面

木基层平瓦屋面是在屋面木基层上挂平瓦形成屋面。木基层分为两种，一种是在木椽条上钉挂瓦条，挂瓦条上挂瓦，称冷摊瓦屋面。这种做法不必设隔热层，构造简单，造价低，但易从瓦缝飘入雨雪，适于南方质量要求不高的建筑，如图 7-17a 所示。

木基层平瓦屋面的另一种做法是檩条上满铺木望板，木望板上铺一层油毡纸，其上再钉挂瓦条挂平瓦形成屋面，如图 7-17b 所示。

2. 钢筋混凝土挂瓦板平瓦屋面

这种平瓦屋面需特制一种钢筋混凝土挂瓦板，其宽 400～635mm，长（跨度）约为 2400～6000mm。板的断面有单肋板、双肋板、F 形板。板肋底部留有泄水孔，以便排除渗漏的雨水，铺设时采用 1：3 水泥砂浆将板缝抹实，以便排水。

挂瓦板平瓦屋面的构造层次是在房屋横向硬山墙上、梁架上或屋架上铺设挂瓦板，挂瓦板上挂平瓦。在平瓦上，挂瓦板的纵向凹槽内，还可铺填保温材料，达到屋面保温的目的。挂瓦板平瓦屋面如图 7-18 所示。

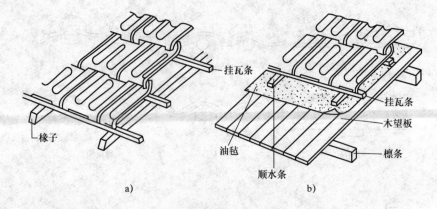

图 7-17　木基层平瓦屋面

a）无望板构造　b）有望板构造

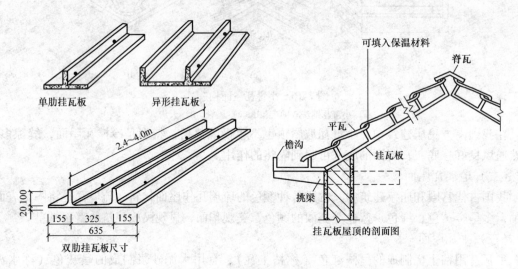

图 7-18　挂瓦板平瓦屋面

3. 平瓦屋面的细部构造

（1）檐口的构造：檐口分纵墙檐口和山墙檐口。

1）纵墙檐口：纵墙檐口常有挑檐和封檐两种做法。挑檐的挑出方式常有挑檐木挑檐、挑椽挑檐、挑屋面板挑檐、砖挑檐等。纵墙挑檐如图 7-19 所示。

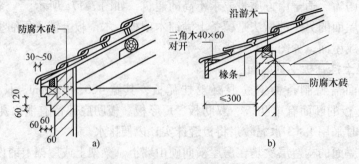

图 7-19　坡屋顶纵墙檐口挑檐

a）砖挑檐　b）椽条挑檐

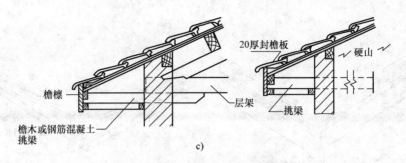

图 7-19　坡屋顶纵墙檐口挑檐（续）

c）挑梁挑檐

2）山墙挑檐：山墙挑檐有一种是坡屋顶与硬山墙的交接构造，此时应防雨水沿硬山墙向下流入室内，要用砂浆、沥青等防水材料密封严实，如图 7-20a、b 所示。

当山墙高度在屋面层之下时，则形成悬山挑檐，这时可用檩条挑檐，设山墙封檐板，形成檐盒。

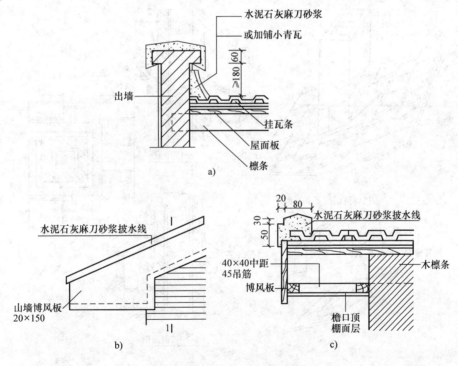

图 7-20　坡屋顶山墙檐口构造

（2）天沟构造：当两个坡屋面平行相交或呈一定角度相交时，会在屋面上形成水平方向的天沟或斜向天沟；在有组织排水设计中，纵墙檐口处也常设排水沟。这些排水沟应做好排水和防渗漏处理。常用做法是用镀锌薄钢板作铺沟材料，其宽度应延伸至两侧瓦片下，以防溢水，如图 7-21 所示。

（3）烟囱出屋面的防水构造：此处的防水做法是用镀锌薄钢板、水泥砂浆、沥青卷材等，将烟囱根部四周包严，并在薄钢板或砂浆卷材与根部四周的瓦片间作好防水处理，如图7-22所示。

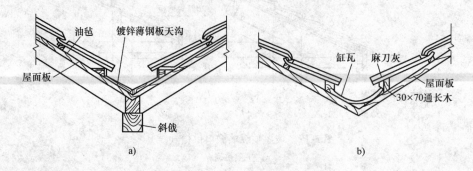

图 7-21　斜天沟构造

a）镀锌铁皮斜天沟　b）缸瓦斜天沟

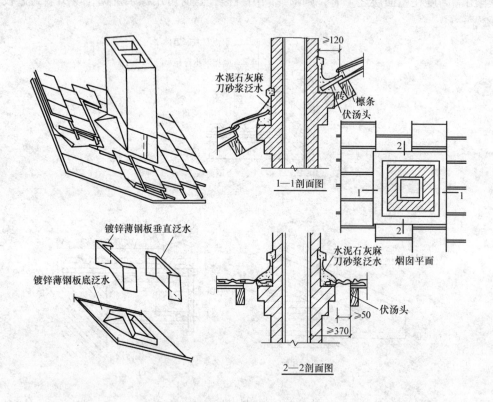

图 7-22　烟囱出屋面的构造

4. 波形瓦屋面

波形瓦按材料有石棉水泥瓦、钢丝网石棉水泥瓦、塑料波形瓦、玻璃钢瓦、铝合金及彩色压型钢板等。其中石棉水泥波形瓦应用最广泛。

（1）石棉水泥瓦屋面

石棉水泥瓦屋面具有质轻、构造简单等优点，缺点是易脆裂，保温及隔热性能较差，它一般适用于不需保温隔热要求的工业与民用建筑中。

1）石棉水泥瓦的规格：分为大波形瓦、中波形瓦和小波形瓦三种规格，见表7-2。

表 7-2　石棉水泥瓦规格

瓦材名称	规格（屋面坡度 1:2.5~1:3）						
	长/mm	宽/mm	厚/mm	弧高/mm	弧数/个	角度	重量/（kg/块）
石棉水泥大波瓦	2800	994	8	50	6		48
石棉水泥中波瓦	2400	745	6.5	33	7.5		22
石棉水泥中波瓦	1800	745	6	33	7.5		14.2
石棉水泥中波瓦	1200	745	6	33	7.5		10
石棉水泥小波瓦	1800	720	8	14~17	11.5		20
石棉水泥小波瓦	1820	720	8	14~17			20
石棉水泥脊瓦	850	180×2	8			120°~130°	4
石棉水泥脊瓦	850	230×2	6			125°	4
石棉水泥平瓦	1820	800	8				40~50

2）石棉水泥波形瓦屋面的构造：石棉水泥波形瓦的规格尺寸较大，而且自身有一定的刚度，可直接铺钉在檩条上。为使屋面排水顺畅，其波形应平行屋脊方向铺设，檩条间距视瓦长而定，每张瓦长方向至少应有三个支点。波形瓦支承在檩条上可用螺钉固定，在瓦的波峰上钻长圆形孔，以便于因温度变形时伸缩。石棉水泥瓦铺设时应从屋檐向屋脊方向钉设，并保证上压下搭接长度不小于 100mm；石棉水泥波形瓦的左右搭接应考虑当地雨季的主导风向，即顺主导风向上压下不小于半个波，小波瓦时应不小于一个波。其铺设构造如图 7-23 所示。

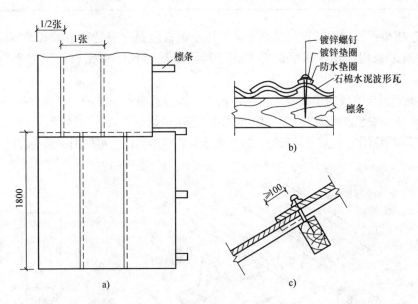

图 7-23　石棉水泥波形瓦屋面构造
a）石棉水泥波形瓦铺法示意　b）相邻两瓦搭接构造　c）上下两瓦搭接构造

在寒冷地区使用波形瓦作屋面时，需另设保温层。

（2）彩色压型钢板屋面

1）彩色压型钢板材料：彩色压型钢板是以镀锌钢板为基料，经压制成型，并敷以各种防腐涂层与彩色烤漆而制成的轻质围护结构材料。它具有自重轻、抗震性能好、色彩鲜艳、施工方便等优点。但目前造价较高，主要用于装饰要求较高的工业与民用建筑。

2）彩色压型钢板的规格：钢板宽 500～1500mm，长度 12m。常用规格见表 7-3 所示。

表 7-3　我国现有彩色压型钢板规格

板型		断面与尺寸
单彩板	波形	1060　　　　1008
	梯形	570, 870, 1170　　V25-150板　　　　677　　V115N板 750　　V70-1875板　　　550　　W550板　　300　　S60板
保温夹芯板材		1000

3）彩色压型钢板屋面的连接构造：彩色压型钢板屋面一般是利用配套的零配件铺设在檩条上，檩条多采用槽钢、工字钢等型钢，其间距视彩色压型钢板的型号而定，一般为 1.5～3.0m。

彩色压型钢板与檩条的连接是采用螺栓固定，螺栓孔应钻在波峰上。当波峰高超过 35mm 时，在檩条上应先安装紧固架，在紧固架上固定彩色压型钢板，如图 7-24 所示。螺栓杆、螺母、垫圈等应用不锈钢制作，还应设橡胶垫，以防渗水。在寒冷地区，可使用保温夹芯板，以达保温目的。

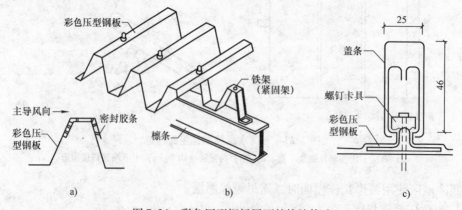

图 7-24　彩色压型钢板屋面的接缝构造

a）搭接缝　b）彩色压型钢板与檩条的连接　c）卡扣缝

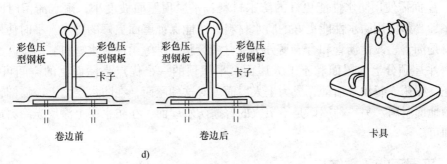

d)

图 7-24 彩色压型钢板屋面的接缝构造（续）

d）卷边缝

第三节 平 屋 顶

一、平屋顶及其组成特点

（一）平屋顶

屋面坡度小于 10% 的屋顶称平屋顶，常用坡度为 2% ~ 5% 。平屋顶构造简单，节约材料；屋面便于利用，但也存在造型单一的缺陷。平屋顶是我国目前房屋建筑中常见的一种屋顶形式，如图 7-25 所示。

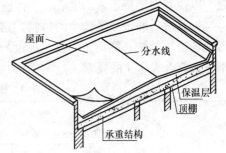

图 7-25 平屋顶组成

（二）平屋顶的组成特点

（1）屋面需特设排水坡：为排除屋面水，平屋顶需设小于 10% 的排水坡。排水坡设置的方式常有两种：一种是利用屋顶保温或隔热材料找坡，即屋脊处保温或隔热材料铺得厚一些，屋檐处铺得薄一些（保证最低要求），称材料找坡，如图 7-26a 所示，另一种排水坡设置的方法称结构找坡，即使屋面板搭设成规定坡度（搭设在不同标高的纵间墙上或有坡的屋面梁上），如图 7-26b 所示。第二种方法的缺点是室内顶棚有坡，不平整。

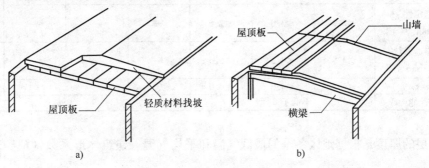

图 7-26 屋顶坡度的形成方式

a）材料找坡 b）结构找坡

（2）屋面需使用防水性能更好的防水材料：平屋顶屋面坡度小，雨水滞留时间长，渗漏机会多，必须使用防水性能更好的防水材料，才能保证屋面更好的防水。平时使用较多的防水材料是沥青、改性沥青和合成高分子卷材或涂膜卷材等柔性防水材料。

（3）平屋顶分上人屋面和不上人屋面：平屋顶的一个优点是屋面上的空间可以利用，如作观光、娱乐、餐饮等活动，成为上人屋面。对这种屋面，在防水层之上，需铺设耐磨防滑美观的地面材料。另一种屋面是不上人的普通防水屋面，在防水层上涂反光涂料或豆粒砂保护层即可。

二、平屋顶的承重结构

平屋顶的承重结构多为钢筋混凝土屋面梁、屋面板，也有使用预应力钢筋混土屋架或钢屋架上铺屋面板作为承重结构的。其屋面梁和屋面板可采用整体现浇、预制装配和装配整体式，其中以梁板整体现浇式整体性、抗震性最好。

三、平屋顶的保温隔热

（一）平屋顶的保温

1. 保温材料

在北方寒冷地区，屋顶是不可忽视的大面积的散热面；必须采取适当的构造措施进行保温，以使室内维持正常的生活、工作室温。

保温材料即传热系数小的材料，这类材料可以散状铺设、制成预制块（板）铺设，也可现场喷注。按《屋面工程技术规范》（GB 50345—2012）标准，板状保温材料的主要性能指标应符合表7-4的要求。

表 7-4　板状保温材料主要性能指标

项　　目	指　　标						
	聚苯乙烯泡沫塑料		硬质聚氨酯泡沫塑料	泡沫玻璃	憎水型膨胀珍珠岩	加气混凝土	泡沫混凝土
	挤塑	模塑					
表观密度或干密度 /(kg/m³)	—	≥20	≥30	≤200	≤350	≤425	≤530
压缩强度/kPa	≥150	≥100	≥120	—	—	—	—
抗压强度/MPa	—	—	—	≥0.4	≥0.3	≥1.0	≥0.5
热导率/[W/(m·K)]	≤0.030	≤0.041	≤0.024	≤0.070	≤0.087	≤0.120	≤0.120
尺寸稳定性 (70℃，48h，%)	≤2.0	≤3.0	≤2.0	—	—	—	—
水蒸气渗透系数 /[ng/(Pa·m·s)]	≤3.5	≤4.5	≤6.5	—	—	—	—
吸水率(v/v，%)	≤1.5	≤4.0	≤4.0	≤0.5	—	—	—
燃烧性能	不低于 B₂ 级			A 级			

保温层的厚度是根据地区冬季的最低气温和平均气温、建筑体形系数（$K = \dfrac{S}{V}$，其中 S 为建筑物散热面积（m²），V 为建筑体积）、保温材料自身的保温性能（即传热系数的大小）等因素综合考虑确定的。

2. 保温层施工

保温层施工质量直接影响保温效果。块状和板状保温材料的厚度是预制厂根据不同保温条件确定的，只要设计选择正确，一般易于保质；而散状保温材料因施工时难于保证厚度，加之施工的其他缺陷，则难于保证保温效果，尽可能不用散状保温材料施工。

因对屋顶的使用要求不同，平屋顶保温层设置位置有所不同：

（1）正置式平屋顶：正置式（正铺法）平屋顶是将保温层设在结构层之上，防水层之下，在防水层之上再设保护层（如铺设保护地面砖等），如图7-27a所示。

（2）倒置式平屋顶：倒置式（倒铺法）平屋顶是将保温层铺设在防水层之上。这种屋顶保温材料直接被雨水淋冲，故应对保温材料作防水处理，如使用沥青珍珠岩预制块等，如图7-27b所示。

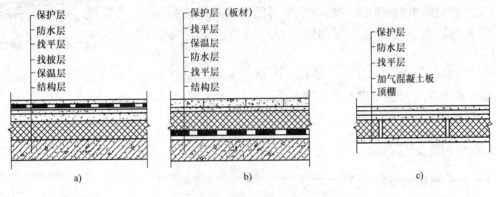

图7-27　保温屋顶构造层次

a）正铺法　b）倒铺法　c）复合法

（3）复合式平屋顶：复合式（复合法）平屋顶是将保温层与结构层融为一体，结构层既是结构构件又是保温层。这种屋顶的优点是减少了屋顶的构造层次，一件多用；缺点是板的承载能力降低了，只适用于标准较低且不上人的屋面，如图7-28c所示。

复合式平屋顶的做法有两种，一种是在槽形板内设置保温材料，如图7-28a、b所示；另一种是结构板本身就是保温板，如图7-28c所示。

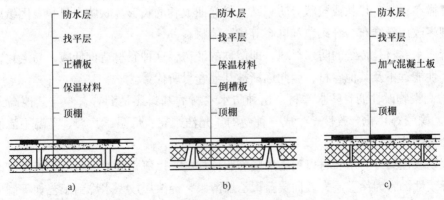

图7-28　复合式保温层

a）保温材料嵌入槽板中　b）保温材料嵌入倒槽板中　c）保温层与结构层合一

（二）排气平屋顶

若屋顶施工赶在雨季，卷材防水层的基层（结构层、找平层、保温层等）达不到要求的干燥程度，就进行卷材防水施工，使水分被封闭在基层材料中；当气温升高时，屋顶各层温度随之升高，使含在其中水分蒸发，体积膨胀，在某些局部这种膨胀力超过卷材与基层的粘结力时，卷材与基层剥离、起鼓，甚至破损，造成防水层渗漏，这是卷材防水屋面的一种病害。

解决上述问题的方法是做排气屋面。具体施工要求如下：

（1）在保温层、找平层施工中，每36m² 左右埋设一根约为 $\phi 25$ 的塑料管，伸出防水层，并将上口弯曲向下，如图 7-29 所示。

（2）卷材防水粘贴时第一层与找平层的粘结采用条粘、点粘等空铺法，在卷材与找平层间留有排气通道，使潮气顺利排出。

（3）在屋面的檐口、转角、屋脊及屋顶突出物四周应采用满刷胶粘剂施工，增强卷材与基层的粘结。

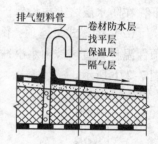

图 7-29 排气屋面

排气屋面是一种弊端较多的屋面，是不得已的做法，施工中应尽量避免。

四、平屋顶的防水

（一）卷材防水材料

卷材防水属柔性防水材料，分卷材和片材两种，施工时用胶粘剂将卷材或片材分层粘贴在找平层上，形成防水层，达到防水目的。卷材防水层具有一定的延伸性，能适应温度、振动引起的屋面变形。卷材防水适用于Ⅰ～Ⅳ级的屋面防水。

1. 防水卷材的种类

按防水原材料的化学成分和其化合材料的不同，卷材防水材料分为三大类或称三大系列，即沥青防水卷材、高聚物改性沥青防水卷材和合成高分子防水卷材。

（1）沥青防水卷材：沥青防水卷材是以原纸、纤维织物或纤维毡等作胎体材料，经浸涂沥青并撒布粉状、片状或粒状等防粘结材料卷曲成卷的长形片状防水材料。因纸胎抗拉强度低，现多改用纤维布、纤维毡和麻布等作胎体材料。

沥青防水卷材是传统的防水材料，即俗称的油毡，这种卷材造价低廉，易老化，使用寿命短，其性能远不及其他卷材，因此逐渐被其他卷材所代替。

（2）高聚物改性沥青防水卷材：这种防水卷材的基料还是沥青，经与其他高分子材料（如树脂、橡胶等）化合改性，生成一种新的、光洁柔软、低温不脆裂、高温不流淌、弹性好、寿命长的防水材料。

高聚物改性沥青防水卷材以聚乙烯膜为胎体材料，以氧化改性沥青、丁苯橡胶改性沥青或聚乙烯改性沥青为涂盖层，表面覆盖聚乙烯薄膜，经滚压成型水冷新工艺加工制成的可卷曲的长条片状防水卷材。如 SBS 改性沥青防水卷材、APP 改性沥青防水卷材和再生橡胶改性沥青防水卷材等。

（3）合成高分子防水卷材：这种防水卷材是以合成树脂、合成橡胶或两者的混合体为基料，加入适量的化学助剂和填充剂等，经加工而成的长条形片状防水材料。如三元乙丙橡胶防水卷材、聚氯乙烯防水卷材、聚氯乙烯 – 橡胶共混防水卷材等。

合成高分子防水卷材是三种防水卷材中最好、造价最高、抗拉伸强度和抗撕裂强度高、伸长率大、耐热性和低温柔性好、耐腐蚀和耐老化等优点，是新高挡防水卷材。

2. 卷材防水屋面的找平层和结合层

卷材防水屋面的构造层次在前面已述及，这里只重点介绍找平层和结合层，如图 7-30 所示。

（1）找平层：为了保证卷材粘贴平整牢固，其基层必须平整坚实。屋顶上粘贴卷材的基层主要有卷材隔汽层之下的找平层、卷材防水层之下的找平层。

施抹找平层的材料常有 1:3 水泥砂浆、沥青砂浆、细石混凝土等，其厚度一般为 15 ~ 30mm。为防裂，每 36m² 水泥砂浆找平层应留设分格缝，缝宽约 20mm，缝内填塞粘性较强的沥青密封膏，以防渗漏。

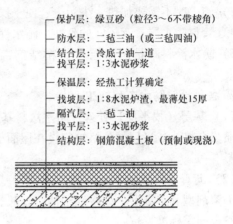

保护层：绿豆砂（粒径3~6不带棱角）
防水层：二毡三油（或三毡四油）
结合层：冷底子油一道
找平层：1:3水泥砂浆
保温层：经热工计算确定
找坡层：1:8水泥炉渣，最薄处15厚
隔汽层：一毡二油
找平层：1:3水泥砂浆
结构层：钢筋混凝土板（预制或现浇）

图 7-30　卷材防水屋面的组成

（2）结合层：因粘贴卷材的胶粘剂（粘结材料）较粘稠，不易渗入各种找平层深处，至使卷材层与找平层粘结不牢，为此，先使用一种稀释剂涂或喷在找平层上，使其渗入深处，然后再用粘稠的胶粘剂粘贴卷材。

结合层使用的材料，与防水卷材必须是同性的，即两种材料必须相容。常用的结合层材料是：当使用沥青卷材时，结合层材料是冷底子油（30% ~ 40% 的石油沥青，掺入 70% 的汽油或掺入 60% 的煤油溶融而成）；当使用高聚物改性沥青卷材或合成高分子卷材时，结合层的材料是同性的基层处理剂，也称底胶。

（二）涂料防水层

涂料防水也称涂膜防水，是将防水涂料刷在屋面基层上，在常温下，经固化形成一定厚度、具有较好弹性和韧性的整体涂膜层，达到防水目的。涂膜防水适用于Ⅲ、Ⅳ级屋面防水，也可作Ⅰ、Ⅱ级屋面多道防水中的一道防水。

1. 防水涂料

防水涂料按其组成材料分为沥青基防水涂料、高聚物改性沥青防水涂料、合成高分子防水涂料；按其形成液态的方式，分为溶剂型、反应型和水乳型三种。

溶剂型涂料是以各种有机溶剂使高分子材料溶解成液态的涂料，其特点是涂料干燥快、结膜薄且致密；生产工艺简单、储存稳定性好；但易燃、易爆、有毒，必须注意安全和对环境的污染。

反应型涂料是以一个或两个液态组分构成的涂料，涂刷后经化学反应形成固态涂膜，如聚胺基甲酸脂橡胶类涂料。反应型涂料可一次形成较厚的涂膜，无收缩、结膜致密。

水乳型涂料是以水作为分散介质，使高分子材料形成乳状液体，水分蒸发后成膜，如丙烯酸酯乳液、橡胶沥青乳液等。水乳型涂料干燥慢，不宜在 5℃ 以下施工；生产成本较低，储存时间不超过半年，并且无毒、阻燃、使用安全、不污染。

涂膜防水施工有以下优点：

1）涂料固化前呈粘稠状态，易涂刷在各种复杂表面、阴阳角，形成无缝和完整的防水层。

2）防水层自重小，适于各种轻型屋面防水。

3）施工时不需要加热，少污染、便于操作，改善了劳动条件。

4）涂料防水层具有较好的延性、耐水性和耐候性。

5）防水涂料既是防水层又是粘结剂，便于进行增强涂刷或粘布作业，容易保质和维修。

2. 各种涂膜防水工程施工

（1）基层（找平层）处理：防水涂料基层多为水泥砂浆找平层。找平层应平整、干燥，检查质量合格。找平层的分格缝宜设在屋面板的端缝处，并应在缝内压嵌与涂料性相容的密封材料。

（2）沥青基涂膜防水工程施工：沥青基防水涂料成膜物质中的胶粘材料是石油沥青，它分为溶剂型和水乳型，如冷底子油、石灰乳化沥青等，其质量要求、技术性能和配合比等均应符合国家标准。

石灰乳化沥青是以石油沥青为基料，用石灰膏作为分散剂，以石棉绒作填充料，加热水，通过机械强力搅拌制作而成的沥青膏体，是可在潮湿基层上施工的防水涂料。

沥青基防水涂料的施工要点如下。

1）涂刷基层处理剂。石灰乳化沥青涂料的基层处理剂分为两种，即夏季施工时可采用石灰乳化沥青的稀释料作为基层处理剂（冷底子油）涂刷一遍；春秋季施工时，宜采用汽油沥青冷底子油涂刷一遍。

2）涂布防水涂料。在大面积涂布前，应先对局部易漏的檐沟、雨水口、女儿墙等屋面突出物根部作防水附加层。一般先将石灰乳化沥青涂料直接分散倒在刷过冷底子油的屋面基层上，用橡胶刮板来回刮涂，应均匀一致，不露底、无气泡，平整，然后待其干燥。

3）需铺设胎体增强材料（即玻璃丝布或纤维薄毡等）时，由屋面低处向高处铺设。在第一遍涂料刮平后，立即铺贴胎体增强材料，要平整、不起鼓。铺贴后用刮板或抹子轻轻刮压或抹平，使布的网眼中充满涂料，待干燥后续继进行第二次涂料施工。

（3）改性沥青涂料及合成高分子涂料的施工

1）涂刷基层处理剂。基层处理剂均为各种涂料的稀释剂，具体材料有如下三种：

① 对水乳型防水涂料，可掺用 0.2% ~0.5% 乳化剂的水溶液或软化水将涂料稀释，作为基层处理剂，防水涂料与乳化剂水溶液比例为 1:(0.5 ~1.0)。

② 对溶剂型防水涂料，因其渗透能力强，当涂料不很稠时，可直接用该涂料薄涂一道，作为基层处理剂；当涂料较稠时，可用相应的溶剂稀释后使用。

③ 对高聚物改性沥青防水涂料，还可以用沥青溶液（即冷底子油）作基层处理剂，或用煤油加 30 号石油沥青，其比例为 30:20 配制而成的溶液作基层处理剂。

涂刷基层处理剂时，应用刷子用力涂薄，使处理剂尽量渗入基层材料的毛细孔中，使之与基层牢固结合。

2）防水涂料涂布施工要点

此两种涂料的涂布分人工刷涂布和机械喷涂两种方法。

① 应分层分遍涂布，每层均应薄厚均匀、平整、密实、不露底，各道涂料层的涂刷方向应相互垂直。要做好涂层间的接槎，每遍涂布退槎 50～100mm，接槎时应超过 50～100mm。

② 注意控制每层厚度和总厚度，改性沥青涂料涂层总厚度应不小于 3mm，合成高分子涂层总厚度应不小于 1.5mm。

③ 每层涂布的间隔时间，应以前层已干燥，上人不粘脚为准，一般干燥时间不少于 12h。

④ 对檐口、雨水口、屋面突出物根部等易漏部位，应加铺有胎体增强材料的附加层。

⑤ 最后一层涂布完成后，应有自然养护时间，一般不少于 7d，养护期间不得上人踩踏和进行其他作业。

⑥ 严禁在雨、雪、大风天施工。沥青涂料施工宜在 5～35℃气温下施工；其他两种涂料的施工，当为溶剂型时，宜在 -5～35℃；当为水乳型时，宜为 5～35℃。

3）涂膜防水层的保护层材料及施工同卷材防水的保护层。

五、平屋顶的细部构造

（一）泛水构造

泛水是指各种屋面突出物与屋面交接处的防水构造，如屋顶排气管、烟囱、上人孔、高低跨等突出屋面时的防水处理。过去泛水多用镀锌薄钢板做，现在多用卷材做。

粘贴泛水卷材前，各种突出物与屋面相交的根部，用水泥砂浆抹成圆角，粘贴卷材泛水时，突出物根部周围要多加一层油毡，称附加层，然后再粘贴泛水。粘贴高度一般为 250mm，要特别注意泛水上口的收头处理，一般将卷材压入凹槽内，并用粘稠的沥青油膏塞紧粘牢，再用薄钢板条钉死。泛水构造如图 7-31 所示。

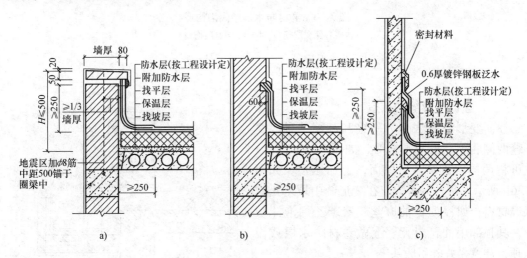

图 7-31　卷材防水屋面泛水构造
a) 收头压入压顶　b) 附加卷材，凹槽收头　c) 混凝土墙体泛水

（二）檐口构造

卷材防水屋面檐口做法形式很多，如自由落水、挑檐沟、女儿墙沿沟、女儿墙外排水、

女儿墙内排水等。其构造处理的关键是卷材收头和雨水口构造处理。檐沟的卷材粘贴也应设附加层，如图 7-32 ~ 图 7-35 所示。

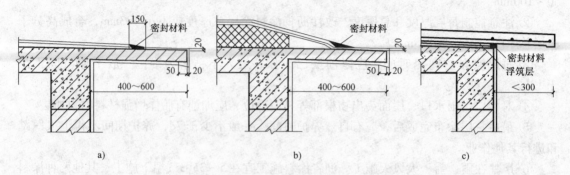

图 7-32　自由落水挑檐构造
a）由屋面板挑檐　b）带有保温层的挑檐　c）挑檐

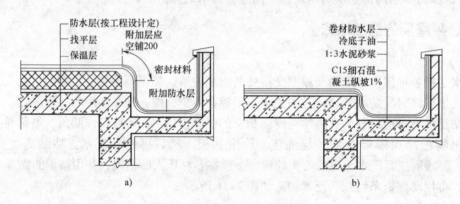

图 7-33　卷材防水挑檐天沟构造
a）有保温层檐口　b）无保温层檐口

（三）屋面变形缝的构造

屋面变形缝做法分为平缝和高缝两种，变形缝两侧墙等高做成平缝时，如图 7-36a 所示；也可将两侧墙砌高，出屋面，上加压顶，如图 7-36b 所示。两种做法均应在变形缝中填塞松软保温材料，如浸沥青油麻丝、聚苯乙烯泡沫板等，其顶部用油膏封死、上做卷材防水层或设压顶，注意做好卷材收头。

（四）管道出屋面的防水处理

管道出屋面的防水处理实际上就是沿管道根部周围做不低于 250mm 的卷材泛水，如图 7-37 所示。

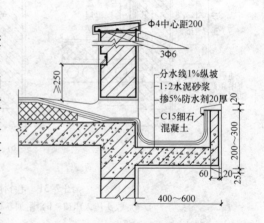

图 7-34　女儿墙檐沟防水构造

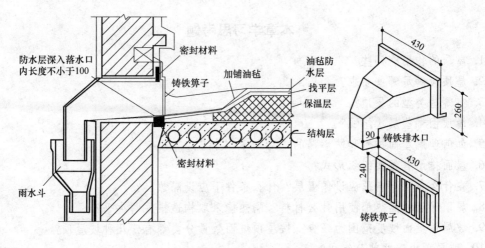

图 7-35　卷材防水屋面女儿墙排水口构造

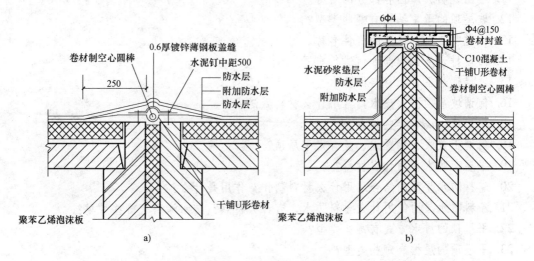

图 7-36　变形缝防水构造

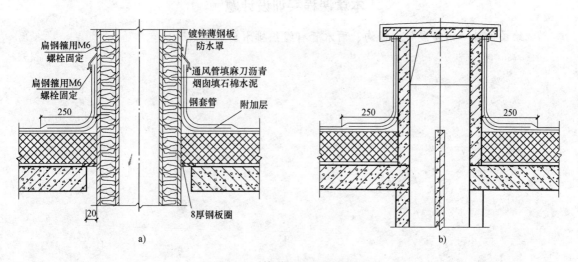

图 7-37　管道出屋面防水构造

本章学习思考题

1. 屋顶的作用有哪些？
2. 屋顶应满足哪些要求？
3. 有哪些类型的屋顶？
4. 屋顶由哪些层次组成？
5. 如何理解屋面排水和防渗漏的"导"和"堵"？
6. 屋面排水有哪些组织形式？
7. 在什么条件下屋顶应设保温层？什么条件下应设隔热层？
8. 屋顶保温和隔热都使用什么材料？隔热能采取构造措施解决吗？
9. 坡屋顶屋面坡度范围为多少？按屋顶坡面数量分类都有哪几种坡屋顶？
10. 坡屋顶由哪些部分组成？
11. 绘图说明坡屋面各部分的名称。
12. 坡屋顶的承重结构有哪些类型？
13. 试说明三角形屋架的杆件名称。
14. 四坡排水屋面端部如何进行布置？
15. 坡屋顶都用什么材料做防水？
16. 何谓坡屋顶防水泛水？常用什么材料做泛水？
17. 平屋顶组成有哪些特点？
18. 何谓正置式、倒置式、复合式平屋顶？
19. 平屋面防水多用什么材料？
20. 卷材防水屋面的结合层用什么材料制作？作用是什么？
21. 涂料防水屋面使用什么材料防水，有什么特点？防水涂料有哪些种类？
22. 平屋顶的排水方式有哪些类型？
23. 平屋顶的屋檐有哪些类型？

本章课程实训设计题

试绘图设计一钢筋混凝土檐沟、雨水管有组织排水剖面图。

第八章　新概念建筑

本章内容简介:

第一节　节 能 建 筑

一、节能建筑概述
二、建筑节能基本原理
三、建筑保温与隔热
四、我国的建筑节能技术
五、建筑节能新技术

第二节　生 态 建 筑

一、生态建筑的概述
二、生态环境与建筑设计方法
三、利用可再生自然资源的设计策略

第三节　智 能 建 筑

一、智能建筑概述
二、智能建筑的组成及主流技术

新概念建筑:

这里所指新概念建筑,包括节能建筑、智能建筑、生态建筑等,环保和宜居建筑。这些新概念建筑有的已初具规模正在使用,但多数还有待未来的创新发展。因编者知识水平所限,只能略述一二。

第一节　节 能 建 筑

一、节能建筑概述

1. 含义:在建材生产、建筑施工、建筑使用过程中,合理使用,有效利用能源,降低能耗、节约能源。

2. 建筑节能经历的三个阶段:建筑中节约能源→建筑中保持能源→建筑中提高能源利用率。

3. 我国的建筑能耗及其状况

(1) 建筑能耗包括:

1) 建造过程能耗。安装能耗、建材能耗、构(配)件能耗、建筑设备的生产能耗、运输施工能耗。

2）使用过程能耗。采暖能耗、通风能耗、空调能耗、照明能耗、家电能耗、热水能耗是主要的，约占建筑能耗的80%~90%。

（2）建筑能耗的影响因素

1）室外热环境的影响。太阳辐射、气温、气湿、风、降水、城市小气候、风速减、风速变、蒸发减弱、湿度减、雾多能见度差。

2）采暖区和采暖度日数。采暖区，一年日均气温低于5℃，且超过90℃。采暖度日数＝（18℃－采暖期室外平均温度）×采暖天数。我国高于同纬度的北美和欧洲各国，说明我国相对能源消耗高于上述国家。

3）太阳辐射强度。我国优于欧洲，相对可减少能源消耗。

4）建筑保温和气密性。加强围护结构，特别是加强门窗保温是关键。

5）采暖供热系统的热效率。发达国家能达到80%以上，而我国只达到68%，热效率低。

（3）建筑节能是改善空间环境的重要途径

1）燃煤的二氧化硫、二氧化碳、氮氧化物、烟尘等排放严重污染大气环境，显然，降低建筑能耗，提高建筑节能效果是改进大气环境的重要途径。

2）建筑节能可改善室内环境。室内环境包括室内温度、湿度、气速、环境热辐射等，建筑保温隔热好，既可节约能耗又可作到室内冬暖夏凉。

（4）建筑节能是发展国民经济的需要。我国能源生产速度长期滞后于国内生产总值的增长速度，能源短缺是制约国民经济发展的根本因素，故节约能源是发展国民经济的客观需要。

二、建筑节能基本原理

1. 建筑物得热与失热的途径

（1）得热途径：采暖设备、人体、炊事、家电、照明、太阳辐射。

（2）失热途径：外围护结构散失、冷空气渗入、水蒸气排出、热水排放。

2. 建筑传热的方式

（1）高温物体向低温物体辐射传热。

（2）室内外冷热空气通过缝隙渗透对流传热。

（3）物体内部（如墙、屋顶、地面等）由高温一侧向低温一侧传热（或导热）。

三、建筑保温与隔热

1. 建筑保温

在冬季建筑的围护结构阻止室内热量向室外传热，从而保持室内的适当温度。

2. 提高建筑保温能力的措施

（1）使用保温材料，减少和阻断室内外温度的传输，即在围护结构的外侧辅贴经设计确定的、一定厚度的保温材料。

（2）增强建筑围护结构的气密性，减少室内外冷热空气的对流，特别是增强门窗的气密性更重要。

（3）设置空气间层：空气的热导率小于多数结构材料的热导率，则在围护结构厚度中设置一定厚度的空气间层，便可减少热的传导。

（4）建筑隔热措施：为达到改善室内热环境、降低夏季空调降温能耗的目的，建筑隔热可采取以下措施：

1）建筑物屋面和外墙外表面做成白色或浅白色饰面，以降低表面对太阳辐射热的吸收系数。

2）采用架空通风层屋面，以减弱太阳辐射对屋面的影响。

3）采用挤压型聚苯板倒置屋面，能长期保持良好的绝热性能，且能保护防水层免于受损。

4）外墙采用重质材料与轻型高效保温材料的复合墙体。因其热绝缘系数值高，对节约空调降温能耗有利。

5）提高窗户的遮阳性能。可调式浅色百叶窗帘、可采用活动式遮阳篷、可反射阳光的镀膜玻璃等。

四、我国的建筑节能技术

建筑节能是世界性的大潮流，是关系拯救地球、拯救人类的大事情。许多发达国家新建筑均为节能建筑，既有建筑也已经或正在改造成节能建筑。我国节能建筑起步较晚，建成的节能建筑所占比例很小，建筑能耗远高于发达国家。我国的节能技术水平与发达国家相比也有较大差距。由于政府的重视，制定了一系列的政策法规，开展了重多科研项目。我国的节能技术水平已有很大提高，取得了丰富的研究成果，并推广应用。

1. 采暖建筑节能规划设计包括如下内容

（1）建筑选址：选择平坦和向阳的基地，避免"霜冻效应"和"风影效应"。

（2）建筑布局：建筑布局宜采用单元组团式布局，形成庭院空间，建立良好的气候防护单元，避免风漏斗和高速风走廊的道路布局和建筑排列。

（3）建筑形态：建筑形态宜采用体形系数小、冬日得热多、夏日得热少、日照遮挡少、利于避风的平整、简洁、美观、大方的建筑形态。

（4）建筑间距：建筑间距应保证住宅室内获得一定的日照量，并结合通风，省地等因素综合确定。

（5）建筑避风：建筑节能规划设计，应利用建筑物阻挡冷风、避开不利风向，减少冷空气对建筑物的渗透。

（6）建筑朝向：应以南北向或接近南北向为好。

2. 墙体节能技术

我国正在大力开发和推广节土、节能、多功能利于环保，并符合可持续发展要求的各类新型墙体材料。主要类型的节能墙有：

（1）空心砖或多孔砖墙。

（2）加气混凝土墙。

（3）轻骨料混凝土墙。

(4) 内保温复合墙。

(5) 外保温复合墙。

(6) 夹心复合墙。

3. 门窗节能技术

在外围护结构中，门窗的保温隔热能力较差，是节能技术的一个重点，具体措施如下：

(1) 在保证采光要求的条件下，选用适当的窗墙面积比，减少门窗的热能损失。

(2) 改善门窗的保温、隔热性能，使用双层、三层窗，使用节能玻璃、中空玻璃、泡沫玻璃及太阳能玻璃等，提高门窗的保温能力，减少门窗的热能损失。

(3) 提高门窗的气密性，特别应提高户门和阳台门的气密性。使用塑钢门窗，可减少冷热空气互渗。

4. 屋顶和地面的节能技术

(1) 在平屋顶和坡屋顶设置具有足够保温能力的保温层，减少屋顶的热能损失。

(2) 在平屋顶上设架空层，疏散太阳和热空气的辐射热。

(3) 在首层（无地下室时）地面混凝土垫层下设炉渣保温，减少通过地面的热能散失。

5. 太阳能利用

(1) 收集利用太阳能：南窗可直接接收太阳热量，采用被动式太阳房集热、采用太阳能热水器等。

(2) 日储夜用太阳能：白天利用主体结构将多余的热量储存起来，晚上将热量释放到室内；还可以设置屋顶水池；设蓄热管、卵石、蓄热床等。

6. 传热采暖系统节能技术

(1) 提高供热锅炉和管网的负荷率和热效率。

(2) 科学组织采暖运行。

(3) 采用热量按户计算及控温技术。

(4) 加强管道保温措施。

五、建筑节能新技术

(1) 选用红外热反映技术：即使墙体内表面有反射远红外能力，而不吸收室热，达到保温目的，如使用热反射保护膜，达到保温节能目的。

(2) 选用高效节能玻璃：目前这种玻璃有吸热玻璃（吸收太阳热能，提高室内温度）、热反射玻璃（将室内的热能，反射保存在室内）、中空玻璃（形成空气间层）和低辐射玻璃（阻断、减少太阳辐射热）。

(3) 选用硅氧聚合物代替玻璃：这是一种轻质透明，类似有机玻璃，其保温性能较同厚度的泡沫塑料大4倍。

(4) 太阳能利用技术：使用太阳能电池；自动跟踪太阳的反射镜，将太阳光反射到室内，提高室内温度、进行日光浴、栽培蔬菜花卉、供地下室、背阴处采光。

(5) 开发热回收装置：回收排出的温热空气中的热量，二次利用。现在常用的板式回收装置、热泵等。

第二节 生 态 建 筑

一、生态建筑的概述

（一）生态建筑的概念

生态建筑是人类在人、建筑与自然在"和协统一"的理念下创造的一种人环境；也是人类在新的历史条件下对自然和社会发展规律的重新认识把握，以及将新的科学技术运用于建筑活动的结果。

（二）生态建筑的特征

生态建筑的特征可以从以下两个方面理解：

1. 从生态平衡角度看

（1）节能和利用再生能源：节能即通过蓄热等措施减少能源消耗，提高能源的使用效率；利用再生能源即充分利用可再生的自然资源，包括太阳能、风能、水利能、海洋能、生物能等，减少对不可再生资源，如石油和煤炭等的依赖。

（2）利用再生材料：使用再生或可循环利用的材料，如再生建筑材料（防水材料中再生橡胶的利用即是）、减少建筑垃圾、水资源的循环利用等，使用本地材料，减少运输费用。

（3）减少废物、废气的排放：避免向外界环境排放有毒有害的污染物，通过各种手段在排放前降解或进行无害化处理。

（4）与环境、社会文化领域的和协：注重建筑与自然环境的融合；注重建筑环境的生态平衡；注重建筑材料、设备节约资源和不污染环境；注重建筑与社会环境的协调与和谐。

2. 从建筑设计角度

（1）利用太阳能等可再生能源，注重自然风，自然采光与遮阳。

（2）采用各种绿化手段改善小气候。

（3）为增加空间适应性采用大跨度轻型结构。

（4）水的循环利用；垃圾分类、处理及充分利用建筑废弃物等。

二、生态环境与建筑设计方法

生态建筑设计应具备两个特点：第一，将建筑的全寿命看成是一种与物资材料支配相关的过程；第二，是一种对建筑系统的预期性研究。

生态环境与建筑设计方法见表 8-1

表 8-1　生态环境与建筑设计方法

环境概念			建筑设计对应方法
与自然环境共生	保护自然	保护全球生态系统 　对气候条件、国土资源的重视 　保持建筑周边环境生态系统的平衡	减少 CO_2 及其他大气污染的排放 对建筑废弃物进行无害化处理 结合气候条件，运用对应风土特色的环境技术 适度开发土地资源，节约建筑用地 对周围环境热、光、水、视线、建筑风、阴影影响的考虑 建筑室外使用透水性铺装，以保证地下水资源平衡，保护建筑周边昆虫、小动物的生长繁殖环境 绿化布置与周边绿化体系形成系统化、网络化关系

（续）

	环境概念		建筑设计对应方法
与自然环境共生	利用自然	充分利用阳光、太阳能 充分利用风能 有效使用水资源 利用绿化植栽 利用其他无害自然资源	利用外窗自然采光 太阳能供暖、烧热水 建筑物留有适当的可开口位置，以充分利用自然通风 大进深建筑中设置风塔等自然通风设施 设置水循环利用系统 引入水池、喷水等亲水设施，降低环境温度，调节小气候 充分考虑绿化配置，软化人工建筑环境 利用墙壁、屋顶绿化隔热 利用落叶树木调整日照 利用地下进水为建筑降温 使用中厅、光厅等采光 太阳能发电 收集雨水，充分利用 地热暖房、发电 河水、海水利用
	防御自然	隔热、防寒、直射阳光遮蔽 建筑防火规划	建筑方位规划时考虑合理的朝向与体型 日晒窗设置有效的遮阳板 建筑外围护系统的隔热、保温及气密性设计 防震、耐震构造的应用 滨海建筑防空气盐害对策 高热工性能玻璃的运用 高安全性的防火系统 建筑防噪声、防台风对策
建筑节能及环境新技术的应用	降低能耗	能源使用的高效节约化 能源的循环使用	根据日照强度自动调节室内照明系统 局域空调、局域换气系统 对未使用能源的回收使用 排热回收 节水系统 适当的水压、水温 对二次能源的利用 蓄热系统
	长寿命化	建筑长寿命化	使用耐久性强的建筑材料 设备、竖井、机房、面积、层高、荷载等设计留有发展余地便于对建筑保养、修缮、更新的设计
	环境亲和材料	无环境污染材料 可循环利用材料 地产材料运用 再生材料运用	使用、解体、再生时不产生氟化物、NO_x物等环境污染物，防震、耐震构造的应用 对自然材料的使用强度以不破坏其自然再生系统为前提 使用易于分别回收再利用的材料 使用地域的自然建筑材料以及当地建筑产品 提倡使用经无害化加工处理的再生材料

（续）

环境概念			建筑设计对应方法
舒适健康的室内环境	舒适的环境	优良的温度、湿度环境 优良的光、视线环境 优良的声环境	对环境温度、湿度的自动控制 充足合理的桌面照度 防止建筑间的对视以及室内的尴尬通视 建筑防噪声干扰 吸声材料的运用
融入历史与城域的人文环境	继承的历史	对城市历史地段的继承 与乡土的有机结合	对古建的妥善保存 对拥有历史风貌的城市景观的保护 对传统民居的积极保存与再生，并运用现代技术使其保持与环境的协调适应 继承地方传统的施工技术和生产技术
	融入城市	与城市肌理的融合 对风景、地景、水景的继承	建筑融入大城市轮廓线和街道尺度中 对城市土地、能源、交通的适度使用 继承保护城市与地域的景观特色，并创造积极的城市新景观，保持景观资源的共享化
	活化地域	保持居民原有的生活方式 居民参与建筑设计与街区更新 保持城市的恒久魅力与活力	保持居民原有的出行、交往、生活惯例 城市更新中保留居民对原有地域的认知特性 居民参与设计方案的选择 创造城市可交往空间 设计过程与居民充分对话 建筑面向城市充分开敞

三、利用可再生自然资源的设计策略

（一）外部环境提供的可再生资源，包括太阳、风、雨、绿地、土壤（各种地热资源）等。

生态建筑设计对利用可再生资源的策略和所需要的条件措施，见表 8-2。

表 8-2　未来建筑利用可再生资源的策略和所需要的条件

可再生资源	设计决策需要的相关资料	可以应用的设计策略	设计决策领域
风	年平均风速及主导风向	促进夏季通风 遮挡冬季通风	建筑定位及朝向
太阳	年逐时温度（最高、最低及平均） 水平面太阳能辐射强度	提供供热能量 利用冷却器转换成制冷能量 利用光伏电池转换成电能	建筑外围护结构 建筑定位及朝向 蓄热物质 建筑外围护结构
雨	年平均降水量	制冷、冲洗和灌溉	景观 可循环利用的材料
绿地区域	设计地段所处地域的植被特点及基本情况	改善建筑周围及内部的微气候	景观
地热	水文、地质资料	利用一定深度土壤下的温度特点，可以将其作为冷源或热源，也可以利用地下水	建筑结构 蓄热物质

（二）可再生资源利用技术

1. 传统技术

（1）被动式节能措施：包括绝热（阻断冷热空气的内外交流）、蓄热（白天蓄存太阳热，夜晚利用）、密闭、温室效应（用集热窗收集器吸收太阳辐射热后利用）、空气循环（用空气对流、循环，为房间提供热量）、阳光室（吸收太阳能）、遮阳、自然通风、夜间通风、覆土（屋顶覆土、防太阳热辐射）、洒水降温、除湿、屋顶采光、侧窗采光、导光板、散射板（玻璃上设格架、使光线散射至较深区域）。

（2）太阳能与建筑

1）被动式太阳能建筑。利用建筑的朝向、方位、内外体形和结构设计、建筑材料的选择等，有效地采集、储存和分配太阳能。按采暖方式分类、大致有以下几种：

① 直接接收太阳辐射能。

② 设置吸热、蓄热墙。

③ 设置附加阳光间。

④ 屋顶蓄水。

2）主动式太阳能建筑

① 热风采暖式供热（在向阳面设置太阳能空气采集器，再用风机通过碎石储热层送入背阴处。）

② 热水采暖式供热（用太阳能加热水，用热水采暖）。

③ 太阳能空调。

3）零能建筑：即建筑物内所需能源全由太阳能提供，常规能源消耗为零。

（3）自然风：采取各种措施，造成热压与风压促进自然风，通风换气。

2. 现代技术类型

（1）利用太阳能的新技术

1）窗户集热板系统：由玻璃盒子单元、集热板、蓄热单元、风扇和空气导管等组合而成。

2）空气集热板系统：常作为供热系统的补充供热设备。

（2）新材料

1）透明热阻材料组合墙。透明热阻材料是一种透明的绝热塑料，可将透明绝热塑料与外墙复合成透明隔热墙。

2）玻璃材料。玻璃的保温技术也是生态建筑节能的关键之一。这种玻璃材料已出现的有吸热玻璃、热反射玻璃、低辐射玻璃、电敏感玻璃、调充玻璃、电磁波屏蔽玻璃等，这些玻璃材料可制成中空的。又可将它们组合成复合的构造形式，达到生态建筑的保温和采光要求。

（3）雨水收集和水的循环利用

1）作为中水使用：这种中水可以用来灌溉、清洗和卫生间冲水等。雨水处理使用过程如图 8-1 所示。

2）雨水冷却建筑外围护结构：建筑周围的蒸发效应可以有效促进自然通风，还能用来

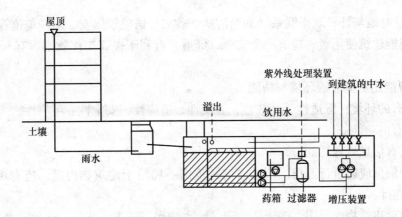

图 8-1　雨水处理使用过程

冷却建筑外围护结构。

3）建筑周围蒸发效应制冷。在夏季室外温度高的条件下，可以利用水的蒸发效应，降低建筑周围空间温度。

（4）利用地热资源：地下土壤的冷或热是一种非常重要的普遍存在的可再生能源，且易于获得。特别适于居住小区、工业区、农场等成片的建筑。

第三节　智 能 建 筑

一、智能建筑概述

（一）智能建筑定义

智能建筑的重点是使用先进的技术，对楼宇进行控制、通信和管理。其基本要素是通信系统的网络化和自动化、办公自动化和智能化、建筑自动化和建筑管理服务的自动化。

（二）智能建筑的分类

1）按层次结构划分有智能化大楼、智能化广场、智能化住宅、智能化城市、智能国家等。

2）按使用功能划分有交通运输类、信息事业类、文教卫生类、商业贸易类、金融财经类、旅游事业类、行政办公类、公用事业类、社会活动类、军事公安类、工业企业类等。

（三）智能建筑的基本目的和要求

1. 基本目的

1）能够提供高度供存的信息资源。

2）确保提供舒适的工作环境。

3）节约管理费用；实现短期投资、长期受益。

4）适应管理工作的发展需要，做到具有可扩展性、可变性，适应环境的变化和工作性质的多样化。

2. 基本要求

1）对智能建筑管理者，应当有一套管理、控制、运行、维护的通信设施，只需花较少的经费便能及时地与外界取得联系（如消防队、救灾、医院、保安、新闻单位等）。

2）对智能建筑使用者，应有一个安全、舒适，有利于提高工作效率、有利于激发创造性的环境。

（四）智能建筑应有的环境与功能

（1）应有的环境：舒适性、高效性、方便性、适应性、安全性、可靠性。

（2）应有的功能：

1）应具有信息处理功能。

2）各种信息应能进行通信。信息通信的范围不局限于建筑物内部，应有可能在城市、地区或国家进行。

3）要能对建筑物内照明、暖通、空调、给水排水、防灾、防盗、运输设备等进行综合自动控制。

4）能实现各种设备运行状态监视和统计记录的设备管理自动化，并实现以安全状态监视为中心的防灾自动化。

5）建筑物应具有充分的适应性和可扩展性。它的所有功能，应能随技术进步和社会需要而发展。

二、智能建筑的组成及主流技术

（一）智能建筑的组成

智能建筑由三大基本要素组成。

1）建筑设备自动化系统。

2）通信自动化系统。

3）办公自动化系统。

三大系统有机结合，是一个综合性的整体。

（二）智能建筑技术的特征

1）多学科综合与自身学科体系不完备性。

2）多技术的融会与自身对外的依附性。

3）技术工程的自然属性与人文因素的社会属性。

（三）智能建筑的主流技术

1. 三大子系统

建筑设备自动化系统（BAS）、通信自动化系统（CAS）、办公自动化系统（OAS），简称3A。

三大子系统及其向上层发展成为系统集成，向下延伸为3A各自包括的各子系统。

2. 系统集成

智能建筑系统集成是在建设上把BAS、CAS、OAS和分离设备、功能、信息等综合集成到一个系统中，巧妙灵活地运用现有的先进技术，使其充分发挥作用和潜力。

3. 综合布线

要实现系统集成，需有一套标准的布线系统作为建筑物或建筑群内部之间传输网络，又使这些设备与外部通信网络相连接，这就是综合布线系统。它是实现智能建筑系统集成的桥梁。

4. 其他主流技术概要

1）火灾报警与消防联动控制。

2）闭路电视监控系统。

3）三网合一。语言、数据和电视图像三系统网合一，三网合一采用电缆双向传输的方式，能同时传送三种不同信号。三网合一是世界主流技术，但具体实施还有不少困难。

（四）智能建筑的发展前景

随着全球经济一体化和科学技术的飞速发展，世界各国与我国在经济贸易方面的联系更广泛，彼此相互依赖关系不断深化，与此同时以计算机和通信为核心的信息网络系统将蓬勃兴起，必然促使智能建筑能在各行各业中加快发展和大量涌现。

参 考 文 献

[1] 李少红. 房屋建筑构造[M]. 北京：北京大学出版社，2012.

[2] 靳玉芳. 房屋建筑学[M]. 北京：中国建材工业出版社，2004.

[3] 魏明. 建筑构造与识图[M]. 北京：机械工业出版社，2008.

[4] 王晓华. 房屋建筑构造[M]. 北京：机械工业出版社，2011.

[5] 闫培明. 房屋建筑构造[M]. 北京：机械工业出版社，2008.

[6] 杨金铎. 房屋构造[M]. 北京：清华大学出版社，2012.

[7] 张振安. 建筑概论[M]. 郑州：黄河水利出版社，1999.

[8] 王远正、王建华、李平诗. 房屋识图与房屋构造[M]. 重庆：重庆大学出版社，1996.

[9] 杨国富. 建筑施工技术[M]. 北京：清华大学出版社，2008.

教材使用调查问卷

尊敬的老师:

　　您好! 欢迎您使用机械工业出版社出版的教材,为了进一步提高我社教材的出版质量,更好地为我国教育发展服务,欢迎您对我社的教材多提宝贵的意见和建议。敬请您留下您的联系方式,我们将向您提供周到的服务,向您赠阅我们最新出版的教学用书、电子教案及相关图书资料。

　　本调查问卷复印有效,请您通过以下方式返回:

邮寄: 北京市西城区百万庄大街 22 号机械工业出版社建筑分社 (100037)
　　　张荣荣　 (收)

传真: 010 - 68994437 (张荣荣收)　　　　　　　Email: 21214777@ qq. com

一、基本信息

姓名: _____ 职称: _____　　职务: _____

所在单位: _____

任教课程: _____

邮编: _____　　地址: _____

电话: _____　　电子邮件: _____

二、关于教材

1. 贵校开设土建类哪些专业?

□建筑工程技术　　　□建筑装饰工程技术　　　□工程监理　　　□工程造价

□房地产经营与估价　□物业管理　　　　　　□市政工程　　　□园林景观

□道路桥梁工程技术

2. 您使用的教学手段: □传统板书　　　　　　□多媒体教学　　　□网络教学

3. 您认为还应开发哪些教材或教辅用书? _____

4. 您是否愿意参与教材编写? 希望参与哪些教材的编写?

课程名称: _____

形式: □纸质教材　　　□实训教材(习题集)　　　□多媒体课件

5. 您选用教材比较看重以下哪些内容?

□作者背景　　　　　□教材内容及形式　　　□有案例教学　　　□配有多媒体课件

□其他_____

三、您对本书的意见和建议 (欢迎您指出本书的疏误之处) _____

_____

_____

四、您对我们的其他意见和建议_____

_____

_____

请与我们联系:

100037　 北京西城百万庄大街 22 号

机械工业出版社·建筑分社　 张荣荣　 收

Tel: 010 - 88379777(O), 68994437(Fax)

E-mail: 21214777@ qq. com

http://www.cmpedu.com(机械工业出版社·教材服务网)

http://www.cmpbook.com(机械工业出版社·门户网)

http://www.golden-book.com(中国科技金书网·机械工业出版社旗下网站)